Mojib Latif

Warum der Eisbär einen Kühlschrank braucht

Mojib Latif

Warum der Eisbär einen Kühlschrank braucht

... und andere Geheimnisse der Klima- und Wetterforschung

Mit Illustrationen von Anna Zimmermann

HERDER

FREIBURG · BASEL · WIEN

Bildnachweis:
S. 57: © Dieter Kasang, www.klimawissen.de
S. 61: © Matthias Forkel, klima-der-erde.de
S. 116: © wetter.com

2. Auflage 2010

www.herder.de

Umschlagkonzeption und -gestaltung:
R·M·E Roland Eschlbeck und Rosemarie Kreuzer
Umschlagmotiv: © Anna Zimmermann
Foto des Autors: © Jan Steffen, IFM-Geomar

Satz: Dtp-Satzservice Peter Huber, Freiburg
Herstellung: CPI Moravia Books, Pohorelice

Gedruckt auf umweltfreundlichem, chlorfrei gebleichtem Papier
Printed in Germany

ISBN 978-3-451-30163-6

Inhalt

Vorwort

Die Marsmenschen blicken wehmütig auf die Erde. So einen wunderschönen Planeten hätten sie auch gern bewohnt. Blau wie ein Diamant zieht die Erde ihre Bahn um die Sonne. Das Meer, das ewige Eis und die Wolken geben ihr das gewisse Etwas, so etwas von Leuchtkraft, dass man sich selbst aus entfernten Gegenden unseres Sonnensystems der Schönheit des Planeten Erde nicht entziehen kann. Auch der Mars dreht unentwegt seine Runden um die Sonne, wenngleich langsamer als die Erde: Fast zwei Jahre dauert ein Umlauf. Doch das ficht die Marsmenschen nicht an. Warum auch? Da wie bei der Erde die Drehachse des Mars geneigt ist, gibt es auf ihm Jahreszeiten. Darauf weist auch die Bedeutung des Wortes Klima hin, das aus dem Griechischen kommt und von *klinein* – „neigen" – stammt. Die Marsmenschen haben wegen der langsamen Reise ihres Planeten um die Sonne einen doppelt so langen Sommer wie wir auf der Erde. Nicht schlecht! Warum seid ihr Marsmenschen eigentlich so traurig?

Ach ja, der Winter ist dann auch doppelt so lang. Einverstanden, das ist nicht so toll. Aber der lange Winter ist es gar nicht, der die Marsmenschen bedrückt. Das Problem, das den Marsmenschen wirklich zu schaffen macht, sind die extrem lebensfeindlichen Bedingungen auf der Marsoberfläche insgesamt, während aller Jahreszeiten. Und zudem können die Marsmenschen dort oben keine Regenbögen bewundern, weil es kein flüssiges Wasser mehr gibt und deswegen auch nicht regnen kann. Trotzdem gönnen sie uns die Erde von ganzem Herzen. So sind sie eben, die Marsmenschen, äußerst liebenswürdig und man muss sie einfach mögen. Wie bitte? Habe ich Sie richtig verstanden? Sie glauben nicht an die Existenz der Marsmenschen. Dann sind Sie selber schuld! Wir können nämlich eine Menge von ihnen lernen. Sie sind sehr intelligent und wissen eine Menge. Nicht umsonst heißen sie schließlich Mars*menschen*.

Auf dem Mars lässt es sich leider sehr schlecht leben. Es ist ziemlich kalt auf seiner Oberfläche, die Temperaturen liegen weit unter dem Gefrierpunkt. Deswegen waren die Marsmenschen schon sehr früh gezwungen, sich Gedanken über unser Sonnensystem zu machen, vor allem über das Klima eines Planeten. Was dem Mars praktisch völlig fehlt, ist der *Treibhauseffekt*. Irgendwie haben wir alle schon einmal diesen Begriff gehört, aber so ganz genau weiß kaum jemand, was sich eigentlich dahinter verbirgt. Das Prinzip ist denkbar einfach. Unsere Lufthülle, die *Atmosphäre*, legt sich wie eine schützende Decke um die Erdoberfläche. Fast ungehindert können die Sonnenstrahlen die Lufthülle passieren und die Erdoberfläche erwärmen. Die Atmosphäre ist jedoch kaum transparent für die Wärme, sodass diese schlecht ins Weltall entweichen kann. Die Erde funktioniert daher so ähnlich wie ein Glashaus, und die Atmosphäre übernimmt dabei die Rolle des Glases. Daraus leitet sich der Name Treibhauseffekt ab. Er sorgt für die milden Temperaturen auf der Erdoberfläche und garantiert uns damit die optimalen Lebensbedingungen auf unserem Planeten.

Auf dem Mars gibt es nur eine hauchdünne Atmosphäre und einen entsprechend schwachen Treibhauseffekt. Die Marsmenschen müssen wegen der frostigen Temperaturen notgedrungen unter der Marsoberfläche leben, weswegen wir sie von der Erde aus nicht sehen können. Sie haben sich jedoch gut auf ihrem Planeten eingerichtet, auch wenn sie unter Tage leben müssen. Ihr Motto lautet *Mars vivendi*, die Kunst, auf dem Mars zu leben. Die Marsmenschen schauen gern fern. Die Show „Wetten Mars“ mit Tho-Mars Gottschalk steht im Moment ganz oben auf der Beliebtheitsskala und erreicht Quoten, von denen unsere Showmaster hier auf der Erde nur träumen können. Sie interessieren sich aber auch sehr für unsere Erde und dafür, wie wir auf unserem Planeten leben. Solche Sendungen erreichen stets hohe Einschaltquoten, selbst die ewigen Wiederholungen. Die Erde ist schließlich schön. Ja, da gibt es keinen Zweifel. Sie ist der Premium-Planet unter allen Planeten in unserem Sonnensystem. Die Erde ist jedoch zugleich wild. Was aus dem All eine gewisse Ästhetik besitzt, entfaltet bei uns auf der Erdoberfläche gewaltige Kräfte. *Hurrikane* beispielsweise sehen von oben harmlos aus. Eine Wolkenspirale mit einem Loch in der Mitte, durch das man bis auf die Erdoberfläche schauen kann. Sie, verehrte Leserinnen und Leser, möchten aber bestimmt nicht in so einen Monstersturm geraten und suchen lieber rechtzeitig das Weite.

Die Marsmenschen sitzen auch gern und oft am Computer. Mit Google Mars machen sie sich selbst ein Bild von der Erde. Live-Kameras, sogenannte Webcams, ermöglichen ihnen einen umfassenden Blick auf das Treiben von uns Erdenmenschen. Und was sie sehen, lässt sie nur noch die Köpfe schütteln. Die Erdenmenschen benutzen ihren Planeten als Müllkippe. Abgaswolken, wohin man nur schaut. Sie leiten jede Menge Gifte in die Meere. Sie laugen die Böden aus und errichten Mülldeponien. Sie fangen viel zu viele Fische. Ja, sie sägen buchstäblich den Ast ab, auf dem sie sitzen. Und wenn es Nacht auf der Erde ist, da sollten die Marsmenschen eigentlich gar nichts sehen. Sie erkennen aber viel Licht, vor allem auf den Landflächen im Norden. Und dazu noch jede Menge Feuer. Die Erdenmenschen verbrennen tatsächlich ihre Wälder, selbst den Garten Eden schlechthin, die tropischen Regenwälder. Immer mehr Lebewesen sterben aus. Und die bedrohten Arten setzen sie auf eine *Rote Liste*. Das war es dann auch. Die Marsmenschen sind entsetzt: „Wie können die Erdenmenschen nur so einen Unsinn mit ihrem Planeten anstellen? Wenn sie wüssten, wie sehr wir Marsmenschen uns einen Planeten wie die Erde wünschen. So etwas Einmaliges gibt es vermutlich nicht noch einmal in unserem Universum. Hätten wir solch ein Juwel, wir gingen sehr viel sorgsamer mit ihm um."

Die Marsmenschen haben die inzwischen gut vier Milliarden lange Geschichte der drei erdähnlichen Planeten Venus, Erde und Mars genauestens untersucht, mit dem Ziel, vielleicht einmal ihren eigenen Planeten bewohnbar machen zu können. Auf der Mars-Universität gibt es sogar eine Fakultät „Planetenwissenschaften". Die Mars-Universität gilt als Elite-Universität in unserer Galaxie, nicht zuletzt wegen ihrer bahnbrechenden Studien über die Planetenatmosphären. Die Dekanin der Fakultät, Frau Prof. Marslene vom Anderen Stern, hat inzwischen Weltallruhm erlangt. Die vom Anderen Sterns entspringen einem alten Adelsgeschlecht, das sich seit jeher der Wissenschaft verpflichtet fühlte. Auf Marslene sind sie aber ganz besonders stolz. Sie war es, die vor vielen Jahren einen Schwerpunkt der Fakultät gegen die Widerstände der etablierten Professoren auf die Erforschung des Erdklimas lenkte. An ihrer Seite arbeitet der talentierte Jungwissenschaftler Dr. Mars-Peter Erdmann, ein ausgewiesener Fachmann für das Klima der Erde. Er verfasste seine heute als bahnbrechend geltende Doktorarbeit über den irdischen Treibhauseffekt. Seither kennen die Marsmenschen die überragende Bedeutung des Phänomens für das Klima eines Planeten. Die Forschergruppe um Dekanin Marslene vom Anderen Stern hat sich Schritt für Schritt ein Bild davon gemacht, was auf ihrem Planeten schiefgelaufen und warum die Klimaentwicklung auf der Erde so vorteilhaft gewesen ist.

Die Marsmenschen haben begriffen, warum es auf der Oberfläche der Venus so unerträglich heiß geworden ist und warum es bei ihnen selbst nur noch Wasser in Form von Eis gibt. Und sie haben die fundamentalen Vorgänge, die das irdische Klima bestimmen, genau dokumentiert. Anfangs glaubten sie, dass das Wetter auf der Erde nur eine Laune der Natur sei. Was für einen Sinn sollte denn dieses Chaos haben. Dieses unberechenbare Auf und Ab. Mal warm, mal kalt. Mal nass, mal trocken. Mal stürmisch, mal windstill. Heute wissen die Marsmenschen, dass das Wetter wichtige Funktionen erfüllt und dadurch den Planeten Erde bewohnbar hält. Mit anderen Worten: Ohne die chaotischen Wetterabläufe gäbe es das tolle Klima auf der Erde gar nicht. Das Chaos hat System: Das ständig wechselnde Wetter, das sind gewissermaßen die Arbeiter, die pausenlos für ihren Herrn, das Klima, schuften.

An der Mars-Universität hat man insbesondere die Rolle des Wassers untersucht, das gasförmig als Wasserdampf, als Flüssigwasser und in seiner festen Phase als Eis auf der Erde vorkommt. Marslene vom Anderen Stern hat vor vielen Jahren in ihrer inzwischen legendären Publikation beschrieben, wie Wolken entstehen und worin ihr Vorteil liegt. Zunächst dachten die Marsmenschen, dass sich die Erdenmenschen vor neugierigen Blicken aus dem Weltall schützen wollten und deswegen einfach die weißen Gardinen zuzogen. Die Marsmenschen konnten aber kein Muster erkennen, das ihnen verriet, wann die Gardinen auf- und wann sie zugingen. Inzwischen haben die Marsmenschen dank Marslene vom Anderen Stern die herausragende Bedeutung der Wolken für das Erdklima erkannt: Ohne Wolken kann es keinen lebenswerten Planeten geben. Es regnet aus den Wolken, und das ist gut so. Die Marsmenschen dachten anfangs, dass die Wolken traurig seien und deswegen weinten. „Die haben auf der

Erde wirklich nichts zu lachen“, sagten sie sich. Aber nein, die Wolken strahlen in Wirklichkeit, obwohl es gar nicht den Anschein hat.

Durch einen großen Zufall konnten wir Menschen das einmalige wissenschaftliche Werk von Marslene vom Anderen Stern und ihren Kollegen entschlüsseln. Ein Geheimdienst war gerade dabei, eine vermeintlich wichtige Nachricht vor dem Versenden zu kodieren, ein an sich alltäglicher Vorgang bei uns auf der Erde. Dabei bemerkten die Agenten, dass die Verschlüsselung nebenbei bestimmte außerirdische Signale dechiffrierte. Auf einmal waren die Botschaften verständlich, die aus Richtung des Mars kamen. Ich möchte Ihnen, liebe Leserinnen und Leser, die wichtigsten Ergebnisse der wissenschaftlichen Studien der Marsmenschen zum Erdklima und der Rolle des Wetters nicht vorenthalten. Es handelt sich dabei zwangsläufig um eine subjektive Auswahl. Das komplette Dokument ist viele tausend Seiten dick und enthält eine große Zahl von Grafiken. Lassen Sie sich auf dieses Spiel ein. Lassen Sie uns die Erde aus der Sicht der Marsmenschen betrachten, so wie Marslene vom Anderen Stern und Mars-Peter Erdmann sie erleben. Schlüpfen wir in die Rolle der Marsmenschen. Schauen wir auf das große Ganze, denn nur so bekommt man einen Eindruck von den fundamentalen Vorgängen, die das irdische Klima bestimmen. Und wir werden die Wetterabläufe in einem ganz neuen Licht sehen. Es handelt sich um ein ausgeklügeltes System, das eine klare Ordnung erkennen lässt. Die Winde wie auch die Meeresströmungen haben einen Sinn, alles auf der Erde scheint einen Sinn zu haben.

Diese buchstäblich abgehobene Betrachtung führt uns vor Augen, dass wir in den Industrieländern mit unserer Art und Weise zu leben auf dem planetarischen Holzweg sind, ja eine geradezu verhängnisvolle Richtung eingeschlagen haben. Wir machen die Luft randvoll mit Abgasen. Und es werden immer mehr. Im letzten Jahrzehnt, in der Zeit von 2000 bis einschließlich 2009, hat sich ihr weltweiter Ausstoß um sage und schreibe mehr als dreißig Prozent erhöht. Infolge der dicken Luft erwärmt sich die Erde. Ihr Eis schmilzt in einem atemberaubenden Tempo, beispielsweise in der Arktis, wo sich die mit Eis bedeckte Fläche in den letzten dreißig Jahren um knapp ein Drittel verringert hat. Eigentlich müssten sich die Eisbären so langsam nach Kühlschränken umsehen, obwohl sie jahrtausendelang in einer großen Kühltruhe gelebt haben. Auch auf dem Himalaya, dem Dach der Welt, ziehen sich die Gletscher rasend schnell zurück. Allein in den vergangenen fünfzig Jahren sind dort die Temperaturen im Mittel um etwa zwei Grad gestiegen. Hält dieser Trend an, könnten die Gletscher des Himalaya in den kommenden Jahrhunderten vollständig verschwinden. Das nepalesische Kabinett hat unlängst auf einem Hochplateau am Fuße des Mount Everest getagt. Mit der spektakulären Aktion in 5300 Meter Höhe wollte es einige Tage vor dem Klimagipfel in Kopenhagen im Dezember 2009 auf die fortschreitende Gletscherschmelze im Himalaya aufmerksam machen. Die Kabinettssitzung war gewissermaßen ein Gipfel auf dem Gipfel vor dem Gipfel. Bereits in rund hundert Jahren könnte der Titel der Hemingway-Erzählung „Schnee auf dem Kilimandscharo" endgültig der Vergangenheit angehören, das wäre dann im wahrsten Sinne des Wortes der Schnee von gestern. Ernest Hemingway hatte dem zwischen Kenia und Tansania gelegenen Bergmassiv 1938 in seiner Erzählung ein literarisches Denkmal gesetzt. Und es überrascht daher nicht, dass der Meeresspiegel steigt, Inseln und ganze Küsten drohen von der Weltkarte zu verschwinden. In voller Tauchausrüstung hielt im Oktober 2009 das Kabinett der Malediven seine Sitzung unter Wasser ab. Wie die Nepalesen wollte die Regierung des asiatischen Inselstaates mit der aufsehenerregenden Aktion auf die drohenden Folgen des Klimawandels hinweisen. Die Menschen in den besonders betroffenen Ländern wissen, worum es beim Klimawandel geht: um den Erhalt der lebensfreundlichen Bedingungen auf der Erde. Sie scheinen jedoch noch in der Minderheit zu sein.

Die Marsmenschen wissen seit vielen Jahren eine Menge über das Klima von Planeten und haben uns bereits seit Jahrzehnten Signale gesendet, sie wollten uns warnen. Denn sie verstehen nicht, wie wir so unvernünftig sein können, die Erde über Gebühr zu strapazieren. Wir waren viele Jahre lang nicht in der Lage, ihre Botschaften überhaupt zu bemerken, geschweige denn zu entschlüsseln. Bis jetzt! Viele Erdenmenschen beginnen zu begreifen und die Zusammenhänge rund ums Klima zu verstehen. Tauchen Sie ein in die Faszination der Erde, des Klimas und des Wetters. Lernen Sie das intelligente System von Wetterabläufen kennen, das sich in Jahrmillionen entwickelt hat und uns Menschen ein angenehmes Leben auf unserem wunderbaren Planeten Erde beschert. Und entdecken Sie die Schönheit der Erde mit all ihren himmlischen Farbspielen aufs Neue. Die Erde ist tatsächlich ein Juwel, ein Meisterwerk der Natur. Das kann man gar nicht oft genug wiederholen. Wir sind dabei, die Einzigartigkeit der Erde zu vergessen. Lassen Sie uns gemeinsam wieder hinsehen. Ich verspreche Ihnen, es lohnt sich.

1.

Oft kopiert, nie erreicht: die Erdatmosphäre

Beginnen wir mit einem Blick auf unsere Lufthülle. Sie ist hauchdünn, verglichen mit dem Radius der Erde von mehreren tausend Kilometern. Der überwiegende Teil der Luft befindet sich in den unteren zehn Kilometern, dort, wo sich auch das Wetter abspielt. Sie alle kennen die Frage, ob man nur von Luft und Liebe lebt. Die Frage bekommt man immer dann gestellt, wenn man nur eine Kleinigkeit zu sich nimmt oder vielleicht auf eine Mahlzeit ganz verzichtet. Liebe brauchen wir auf jeden Fall, keine Frage. Aber die Luft? Ja sicher, wir benötigen sie zum Atmen. Aber brauchen wir die Luft auch darüber hinaus? Diese hauchdünne Schicht, die die Erdoberfläche umgibt? Die Antwort kennen die Marsmenschen nur zu gut: Ja! Und nochmals ja! Unsere Erde hat nämlich ihr lebensfreundliches Antlitz dem Umstand zu verdanken, dass sie eine Lufthülle besitzt, die wir Atmosphäre nennen. Sie besitzt eine Zusammensetzung, wie sie nicht besser sein könnte. Man kann die Zusammensetzung der Erdatmosphäre aus dem Weltall fern erkunden, d.h. mit Hilfe von Satelliten aus großen Entfernungen bestimmen. Das ist so ähnlich wie Radio hören, weil Gase wie Rundfunksender *elektromagnetische Strahlung* bestimmter Frequenzen aussenden.

Auch jeder Körper sendet elektromagnetische Strahlung aus, und zwar in einem ganzen Bereich von Frequenzen. Das lässt sich auch in Form von Wellenlängen ausdrücken. Die Wellenlänge, bei der ein Körper am meisten Strahlung aussendet, hängt von der Temperatur ab. Da wir von der Sonne vor allem Strahlung im sichtbaren Bereich in Form von Licht erhalten, wissen wir, dass die Sonne an ihrer Oberfläche mehrere tausend Grad heiß ist, gut 6000 Grad Celsius. Die Erde ihrerseits ist vergleichsweise kalt, und daher sendet sie Strahlung im nichtsichtbaren Bereich in Richtung Weltall, die wir als *Infrarotstrahlung* bezeichnen. Man nennt sie auch Wärmestrahlung. Wir machen uns die Infrarotstrahlung übrigens im Alltag zunutze, beispielsweise in Form von Wärmebildkameras. Mit einer derartigen Kamera können wir auch dann etwas sehen, wenn es stockdunkel ist. Gegenstände, die wärmer als ihre Umgebung sind, heben sich ab und können erkannt werden.

Die Marsmenschen sehen sozusagen (infra)rot, wenn sie die empfindlichen Messgeräte auf ihren Satelliten auf die Nachtseite der Erde richten. Gase senden Strahlung entsprechend ihrer Molekülstruktur aus. Dabei handelt es sich um äußerst komplizierte Vorgänge im Mikrokosmos, d.h. in der Welt der Elementarteichen, die wir mit unserem Auge nicht erkennen können. Die Marsmenschen haben die Vorgänge im Mikrokosmos im Detail studiert und herausgefunden, dass die verschiedenen Gase Strahlung ganz bestimmter Frequenzen aussenden. Und das nutzen sie, pfiffig wie sie sind. Sie stellen ihr Radio einfach auf die Frequenz, auf der das Programm von Radio Sauerstoff zu empfangen ist – oder von Radio Stickstoff. Die Marsmenschen hören pausenlos das Radioprogramm der Erde und wissen daher recht gut über unsere Erdatmosphäre Bescheid. Sie besteht zu 78 Prozent aus Stickstoff und zu 21 Prozent aus Sauerstoff. Richtig, das sind bereits 99 Prozent. Der Löwenanteil der Lufthülle entfällt demnach auf nur zwei Gase. Das restliche eine Prozent entfällt auf verschiedene *Edel- und Spurengase*, wobei das Edelgas Argon mit gut 0,9 Prozent einen Großteil beiträgt.

Die Hauptgase der Erdatmosphäre, Stickstoff und Sauerstoff, befinden sich vor allem in der unteren Atmosphäre, der *Troposphäre*, die sich, je nach geographischer Breite, bis in etwa zehn bis fünfzehn Kilometer Höhe erstreckt. Stickstoff und Sauerstoff sind lebensnotwendig, wie auch die Biologen der Mars-Universität wissen: Die Pflanzen, die die Marsmenschen mit Freude betrachten und so gern auf ihrem Planeten hätten, benötigen den Stickstoff. Wir Menschen atmen wie viele andere Lebewesen den Sauerstoff. Zur Lebensqualität auf der Erde trägt ebenfalls das Ozon bei, das überwiegend oberhalb der Troposphäre in der *Stratosphäre* vorkommt, dem zweiten Stockwerk der Erdatmosphäre. Obwohl es mit 0,000007 Prozent einen verschwindend geringen Anteil an unserer Atmosphäre besitzt, spielt es für das Leben dennoch eine extrem wichtige Rolle. Es filtert nämlich die für Lebewesen schädliche ultraviolette (UV) Strahlung und wirkt gewissermaßen als unsere Sonnenbrille. Die ultravioletten Strahlen der Sonne zerstören die Zellen von Pflanzen und Tieren und können beim Menschen Hautkrebs und Augenschäden hervorrufen. Die Marsmenschen waren entsetzt darüber, dass wir die Ozonschicht fast zerstört hätten, indem wir jahrzehntelang große Mengen Fluorchlorwasserstoffe (FCKW) in die Luft geblasen haben. Noch vor einigen Jahren arbeiteten beispielsweise Kühlschränke mit FCKW als Kühlmittel. Das Ozon-Problem haben wir inzwischen selbst, ohne die Hilfe der Marsmenschen, gelöst, zum Glück vermutlich gerade noch rechtzeitig. Es besteht heute die begründete Hoffnung, dass sich die Ozonschicht bis Mitte des Jahrhunderts einigermaßen erholt. Ganz genau weiß dies aber niemand.

Kehren wir zu den beiden Hauptgasen zurück. Stickstoff und Sauerstoff beeinflussen das irdische Klima nicht nennenswert. Eine nur aus diesen beiden Gasen bestehende Atmosphäre wäre buchstäblich eine Klimakatastrophe: Die Erde wäre eine Eiswüste mit Temperaturen weit unter dem Gefrierpunkt. Wir würden also das traurige Schicksal der Marsmenschen teilen, gäbe es in unserer Luft nicht noch weitere Gase. Und jetzt verstehen wir, worum uns die Marsmenschen wirklich beneiden: Es sind die Spurengase in unserer Atmosphäre. Diese kommen in nur sehr geringen Mengen vor, in Spuren eben, und sie besitzen einen Anteil an der Erdatmosphäre von deutlich weniger als einem Zehntel Prozent. Die Spurengase sind es, wie Mars-Peter Erdmann herausfand, die die Erdoberfläche und die unteren Luftschichten um mehr als 30 Grad Celsius erwärmen und damit für die komfortablen Temperaturen auf der Erdoberfläche sorgen. Ohne die Spurengase würde unsere Erde bis auf eine durchschnittliche Temperatur von etwa minus 18 Grad Celsius auskühlen. Erst durch das Vorhandensein von Wasserdampf, Kohlendioxid, Lachgas oder Methan kommt es zu dem *natürlichen Treibhauseffekt*, der unser Leben auf der Erde bei Durchschnittstemperaturen von knapp plus 15 Grad Celsius angenehm gestaltet.

Die Spurengase lassen die ankommende Sonnenstrahlung zwar passieren, jedoch halten sie die von der Erdoberfläche abgestrahlte langwellige Wärmestrahlung, die Infrarotstrahlung, größtenteils zurück. Sie *absorbieren* die Strahlung. Nur ein kleiner Teil der von der Erdoberfläche ausgesendeten Wärmestrahlung kann bei bestimmten Wellenlägen direkt in den Weltraum entweichen. Der entsprechende Frequenzbereich ist als *langwelliges atmosphärisches Fenster* bekannt. Die Spurengase, uneigennützig wie sie sind, strahlen die aufgenommene Energie in alle Richtungen wieder ab. So kommt an der Erdoberfläche mehr Energie an als ohne die Spurengase: die Sonnenstrahlung und eben die auch von den *Treibhausgasen* in Richtung Erdoberfläche abgestrahlte Wärmestrahlung, die wir *Gegenstrahlung* nennen. Der natürliche Treibhauseffekt ist somit für die Erwärmung der Erdoberfläche verantwortlich, um die uns die Marsmenschen so sehr beneiden. Wir Menschen dürfen in Straßencafés sitzen oder im Meer baden gehen, ohne zu Eisblöcken zu erstarren. Wir dürfen das Leben auf der Oberfläche unseres Planeten in vollen Zügen genießen.

Das wichtigste Spurengas in unserer Atmosphäre ist der Wasserdampf mit seiner enormen Treibhauswirkung. Er allein sorgt für knapp zwei Drittel der Treibhaus-Erwärmung, die wir als den natürlichen Treibhauseffekt bezeichnen. Es hat lange gedauert, bis die Marsmenschen den Wasserdampf überhaupt zur Kenntnis genommen haben. Er ist nämlich unsichtbar – für uns Erden- wie auch für die Marsmenschen, deren Augen den unseren ähneln. Zwar glauben wir, den Wasserdampf mit unseren Augen zu sehen. Was wir jedoch tatsächlich sehen, sind winzige Tröpfchen, d.h. das flüssige Wasser. Was wir also als Wolke sehen, sind genau diese Tröpfchen, den Wasserdampf selbst sehen wir nicht. Wie alle Gase ist er unsichtbar.

Nun werden Sie mich mit dem kochenden Wasser konfrontieren wollen. Da steigt doch Dampf auf. Stimmt! Wenn der Siedepunkt erreicht ist, geht das flüssige Wasser in Wasserdampf über. Letzteren sehen wir aber gar nicht. Was wir tatsächlich sehen, sind die winzigen Tröpfchen, die sofort entstehen, wenn der Wasserdampf in die relativ kalte Umgebungsluft gelangt und *kondensiert*, d. h. das Wasser infolge der Abkühlung von der gasförmigen wieder in die flüssige Phase übergeht.

Erst als die Marsmenschen ihre empfindlichen Empfänger entwickelt hatten und dem irdischen Programm von Radio Wasserdampf lauschten, konnten sie auf seine Existenz schließen. Radio Wasserdampf sendet Programme auf einer Reihe von Frequenzen, so wie viele irdische Sender schließlich auch mehrere Programme ausstrahlen. Der NDR, der SWR oder der BR senden beispielsweise nicht nur ein Programm, sondern eine ganze Handvoll, und das rund um die Uhr. Die Fülle der Programme von Radio Wasserdampf verdeutlicht dessen besondere Bedeutung für den natürlichen Treibhauseffekt mit seinem Anteil von über sechzig Prozent.

Das zweitwichtigste Treibhausgas ist das Kohlendioxid mit einem Anteil von knapp einem Viertel an der Erwärmung. Es steuert heute ungefähr 0,039 Prozent zur Erdatmosphäre bei, ein äußerst geringer Anteil, so wie man es von einem Spurengas erwartet. Eine gewisse klimatische Bedeutung kommt daneben der geringen Ozonmenge zu, die sich in der Troposphäre befindet und einen Anteil von einigen Prozent am natürlichen Treibhauseffekt besitzt. Lachgas und Methan liefern noch kleinere Beiträge von einigen wenigen Prozent.

Man muss den natürlichen Treibhauseffekt streng von dem durch uns Menschen verursachten trennen, da man sonst Äpfel mit Birnen vergleicht. Dank Mars-Peter Erdmann sind wir inzwischen dazu in der Lage. Vor Beginn der Industrialisierung, um ca. 1750, betrug der Anteil des Kohlendioxids lediglich 0,028 Prozent. Der CO_2-Gehalt der Atmosphäre steigt offensichtlich rasant an, inzwischen um etwa ein Drittel, wobei das meiste Kohlendioxid in den letzten fünfzig Jahren in die Atmosphäre gelangte. Wann immer wir die fossilen Brennstoffe Kohle, Öl und Erdgas in Kraftwerken verbrennen, um Strom oder Wärme zu erzeugen, entsteht unweigerlich Kohlendioxid. Der Stoff, aus dem die Energieträume sind, war und ist der Kohlenstoff (C), bei dessen Verbrennung Energie entsteht und der die bis dahin vorherrschende Muskelkraft mit Beginn der Industrialisierung verdrängt hat. Durch die Verbrennung der fossilen Energieträger kommt es zur Freisetzung des seit Millionen von Jahren in der Erdkruste eingelagerten Kohlenstoffs, der sich mit dem Sauerstoff (O_2) verbindet und als Kohlendioxid (CO_2) in die Atmosphäre entweicht.

Der Anstieg des Kohlendioxids ist hauptverantwortlich für den zusätzlichen, den *anthropogenen Treibhauseffekt*, d.h.

für den durch uns Menschen verursachten Treibhauseffekt. Daneben wirken auch Methan (CH_4), FCKW und Distickstoffoxid (N_2O), auch Lachgas genannt, erwärmend. Ozon, das man fälschlicherweise immer wieder als einen Hauptverantwortlichen für die Klimaerwärmung nennt, spielt für den zusätzlichen Treibhauseffekt nur eine untergeordnete Rolle. Es ist jedoch selbstverständlich ein wichtiges Gas in unserer Atmosphäre, das an mehreren Vorgängen beteiligt ist. Die Verwirrung rührt vermutlich daher, dass die FCKW die Ozonschicht ausdünnen und am natürlichen wie auch am zusätzlichen Treibhauseffekt in geringem Maße beteiligt sind. Da fällt es zugegebenermaßen schwer, den Überblick zu behalten.

Die rauchenden Schlote wie auch die Waldbrände, über die sich die Marsmenschen so viele Gedanken und vor allem Sorgen machen, befördern immer mehr Kohlendioxid in die Erdatmosphäre. Dazu trägt die Verbrennung der fossilen Brennstoffe mit etwa achtzig Prozent am meisten bei, während die Waldzerstörung mit knapp zwanzig Prozent zu Buche schlägt. Davon entfällt der Löwenanteil auf die Brandrodung der tropischen Regenwälder. Zudem sterben infolge der Brandrodungen immer mehr Arten aus; der nächste könnte der Orang-Utan sein. Die Artenvielfalt auf der Erde ist durch unsere Aktivitäten massiv bedroht, und das, obwohl wir im Jahr 2009 den 200. Geburtstag von Charles Darwin (1809–1882) gefeiert haben, dem Begründer der Evolutionstheorie, der im Jahr 1859 sein bahnbrechendes Werk „Die Entstehung der Arten" veröffentlicht hatte.

Wenn die Marsmenschen unser Treiben betrachten, denken sie mit Sorgenfalten an einen anderen Planeten in unserem Sonnensystem, unseren Nachbarplaneten die Venus. Und sie wissen, was zu viel Kohlendioxid in einer Planetenatmosphäre anrichten kann: viel zu hohe und damit lebensfeindliche Temperaturen. Die armen Venusmenschen sind ebenfalls gezwungen, unter der Oberfläche zu leben. Auf der Venusoberfläche herrschen heute Temperaturen von mehreren hundert Grad Celsius, weswegen sich die Venusmenschen in hitzebeständiger Kleidung, einer Art Raumanzug, bewegen müssen, wenn sie ihr klimatisiertes Zuhause verlassen und sich in Richtung der Oberfläche aufmachen. Die Temperatur der Erde steigt infolge des zunehmenden Kohlendioxids in der Luft und der höher werdenden Konzentration anderer Spurengase, wie etwa Methan oder Lachgas, an. Doch scheint dies die Erdenmenschen nicht sonderlich zu stören. Sie machen immer weiter und streiten sich unentwegt. Etwa über das Geld. „Wozu braucht ihr Erdenmenschen eigentlich diese Metallstücke und diese Lappen aus Papier? Es wäre doch alles so einfach. Allein die Sonne schickt euch Energie im Überfluss. Die Sonnenstrahlung, die die Erde in nur einem Jahr erreicht, könnte 10 000 Jahre lang den Energiebedarf der gesamten Menschheit decken. Was ist los mit euch? Kennt ihr Erdenmenschen denn die Klimageschichte eurer Geschwisterplaneten Mars und Venus nicht?" Diese oder ähnliche Gedanken schießen den Marsmenschen durch den Kopf, wenn sie uns zuschauen.

2.

Quo vadis Planet? – Heißzeit oder Eiszeit

Ob wir die Klimageschichte von Mars und Venus nicht kennen? Doch, jetzt kennen wir die Klimageschichte der beiden. Vielen Dank, liebe Marsmenschen! Wussten Sie eigentlich, dass ein Venustag länger dauert als ein Venusjahr? Im ersten Moment denken Sie wahrscheinlich, dass dies nicht funktionieren kann. Die Venus dreht sich extrem langsam um die eigene Achse und vergleichsweise schnell um die Sonne. Dass ein Jahr aus rund 365 Tagen besteht, gilt nur für die Erde. Wir sollten eben nicht von uns auf andere schließen und schon gar nicht unsere Gewohnheiten auf andere übertragen. Die Definitionen von Jahr und Tag sind im Grunde genommen unabhängig voneinander. Ein Tag ist definiert als die Dauer der Drehung um die eigene Achse, ein Jahr als die Dauer des Umlaufs um die Sonne. Ein Venustag ist 243 Erdtage lang, was in der Tat länger ist als ein Venusjahr, das 225 Erdtage misst. Da drängt sich unwillkürlich die Frage auf, ob die Venusmenschen wirklich so lange schlafen, wie es dunkel ist. Oder ob sie nach unserer Zeitrechnung 243 Tage lang durchmachen und wahre Partylöwen sind.

Und dann ist da noch eine zweite Kuriosität. Die Venus dreht sich „verkehrt“ herum. Die von uns sehr geschätzten Venusmenschen können deswegen die Sonne im Westen auf- und im Osten untergehen sehen. Irgendetwas müssen sie uns schließlich voraushaben.

Jetzt aber zurück zum Klima. Die Venus besitzt eine Atmosphäre, die fast ausschließlich aus Kohlendioxid besteht. Der

Luftdruck am Boden ist etwa neunzig Mal höher als auf der Erde. Die gewaltigen Mengen an Kohlendioxid haben einen gigantischen Treibhauseffekt zur Folge, sodass die Temperaturen auf der Oberfläche der Venus etwa 460 Grad Celsius betragen. Diese Messungen verdanken wir Dr. Fels Marsstein. Er ist in den Augen seiner Kollegen ein Eigenbrötler, der, so scheint es, am liebsten allein in seinem Labor herumtüftelt. Sie wissen aber seine Fähigkeiten zu schätzen, insbesondere auf technischem Gebiet. Er ist es, der immer wieder durch seine genialen Geräteentwicklungen bestimmte Untersuchungen überhaupt erst ermöglicht. Man kann ihn vielleicht am besten mit dem Erfinder Q aus den James Bond-Filmen vergleichen.

Für die Temperaturmessungen hat er sich das Prinzip des atmosphärischen Fensters zunutze gemacht. Wie die Erde besitzt auch die Venus Frequenzbereiche, in denen die Wärmestrahlung der Oberfläche fast ungehindert in den Weltraum entweicht. Fels Marsstein entwickelte *Spektrometer*, Instrumente, mit denen man diese Wärmesignale aufzeichnet. Ohne ihn wären die Wissenschaftler der Mars-Universität ziemlich aufgeschmissen.

Es bestehen auf der Venus zwischen Tag und Nacht keine Temperaturunterschiede. Die Hitze ist global unter der hundert Kilometer hohen Kohlendioxidatmosphäre gefangen und kann nicht nach oben ins Weltall entweichen. Wir, die wir auf der Erde leben, kennen dagegen den Wärmeverlust in klaren Nächten, insbesondere im Winter, wenn die Temperaturen weit unter den Gefrierpunkt fallen können. Bei uns auf der Erde ist die Tagesamplitude der Temperatur, also der Unterschied zwischen der höchsten und der niedrigsten Temperatur, im Wesentlichen von der Konzentration des Treibhausgases Wasserdampf abhängig. So ist die Region der Inneren Tropen diejenige mit der geringsten Tagesamplitude bei kräftigem Sonnenschein. Bei einer *Wasserdampfsäule* von sechs Zentimetern Höhe – also sechzig Millimeter Niederschlag, falls man den gesamten Wasserdampf kondensieren und ausregnen lassen könnte – liegen nur wenige Grad zwischen Minimum- und Maximum-Temperatur.

Unterschiede in den Temperaturen der Venus ergeben sich, wie auf der Erde, aus der unterschiedlichen Höhenlage von Bergen – dort ist es mit knapp 450 Grad Celsius etwas „kälter" – oder Tiefebenen, wo es 20 bis 30 Grad Celsius „wärmer" sein kann. Egal ob auf den Bergen oder in den Tälern, dort oben auf der Venus kann man nicht leben. Bei derart hohen Temperaturen schmilzt selbst Blei mit seinem Schmelzpunkt von knapp 330 Grad Celsius. Und genau deswegen leben die Venusmenschen wie auch die Marsmenschen unter der Oberfläche.

Im Gegensatz zur Venus, das haben wir inzwischen gelernt, besitzt der Mars eine nur sehr dünne Atmosphäre und eine im Vergleich zur Erde sehr geringe Menge von Treibhausgasen. Auch auf dem Mars ist wie auf der Venus Kohlendioxid mit einem Anteil von ca. 95 Prozent das Hauptgas. Der Luftdruck auf dem Mars ist jedoch extrem niedrig, etwa hundert Mal niedriger als bei uns auf der Erde. Daraus erklären sich die geringe Menge an Kohlendioxid und der entsprechend schwache Treibhauseffekt. Denn 95 Prozent von sehr wenig bleiben eben sehr wenig, wenn man die absolute Menge betrachtet. Die durchschnittliche Temperatur auf dem Mars liegt bei etwa minus 60 Grad Celsius mit einer Höchsttemperatur von ca. plus 20 und einem Temperaturminimum von minus 140 Grad Celsius. Es wird dort so kalt, dass selbst das Kohlendioxid gefriert und als *Trockeneis* an den Polen zu bewundern ist. Dort finden wir ebenfalls das aus Wasser bestehende Eis, stumme Zeugen einst wärmerer Zeiten auf dem Mars.

In der folgenden Abbildung, die wir der Doktorarbeit von Mars-Peter Erdmann entnommen haben, sehen wir als Kurve die Temperaturen, die Planeten in unserem Sonnensystem in Abhängigkeit ihrer Entfernung von der Sonne hätten, wenn sie die Sonnenstrahlung komplett absorbierten und selbst entsprechend ihrer Temperatur Strahlung in den Weltraum senden. Man spricht in diesem Zusammenhang von der *Strahlungsgleichgewichtstemperatur*, ein grässlicher Begriff, den sich nur Wissenschaftler ausdenken können. Trotz alledem ist ihre Betrachtung sehr hilfreich, um das Klima eines Planeten besser zu verstehen.

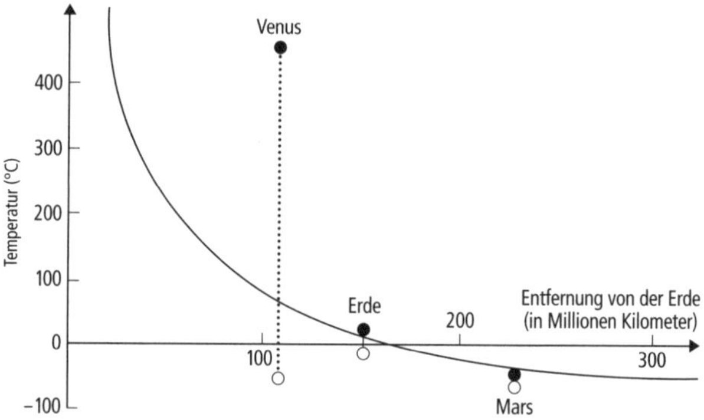

Andere Prozesse hat Mars-Peter Erdmann bei der Berechnung der theoretischen Kurve nicht berücksichtigt, insbesondere nicht den Treibhauseffekt durch eine eventuell vorhandene Atmosphäre und die in ihr enthaltenen Treibhausgase. Je weiter ein Planet von der Sonne entfernt ist, umso kälter wird er. Das leuchtet sofort ein. Zusätzlich sehen wir in der Grafik als nicht ausgemalte Kreise die Temperaturen der drei Planeten Venus, Erde und Mars unter zusätzlicher Berücksichtigung der Reflexion der einfallenden Sonnenstrahlung zurück in den Weltraum. Diese erfolgt vor allem – und das wissen Sie selbstverständlich – durch sehr helle Oberflächen, wie Eis, Schnee oder Wolken. Die Wüsten auf der Erde sind ebenfalls recht hell und reflektieren entsprechend viel Sonnenlicht. Die so berechneten Temperaturen liegen naturgemäß unterhalb der theoretischen Kurve. Auch das ist eingängig.

Es ist übrigens die Reflexion von Sonnenlicht, welche die anderen Planeten oder den Mond für uns Menschen überhaupt sichtbar macht. Die Erde beispielsweise reflektiert ca. dreißig Prozent der einfallenden Sonnenstrahlung. Im Fachchinesisch sagt man, dass die Erde eine *Albedo* von ca. dreißig Prozent besitzt. Die Venus reflektiert sogar ca. 75 Prozent, weil sie mit einer dicken Wolkenschicht umgeben ist.

Die tatsächlichen Oberflächentemperaturen von Venus, Erde und Mars sind als ausgemalte Kreise in der Abbildung gezeigt und offensichtlich deutlich höher als bei alleiniger Berücksichtigung der einfallenden Sonnenstrahlung, ihrer Reflexion sowie der Wärmeabstrahlung durch die Oberfläche. Die zusätzliche Erwärmung ist dem Treibhauseffekt geschuldet, dessen Wirkungsweise jener Mars-Peter Erdmann von der renommierten Mars-Universität erforscht hat. Die Stärke des Treibhauseffekts ergibt sich in der obigen Abbildung einfach aus dem Abstand zwischen den offenen und den ausgemalten Kreisen.

Die bahnbrechenden Berechnungen von Mars-Peter Erdmann verdeutlichen einmal mehr die überragende Bedeutung des Treibhauseffekts für die Temperatur eines Planeten. Je höher der Gehalt an Treibhausgasen in einer Planetenatmosphäre ist, umso stärker der Treibhauseffekt und umso höher die Oberflächentemperatur. Im Falle der Venus, die mit einem Anteil von nur 25 Prozent einen beträchtlich geringeren Anteil an Sonnenstrahlung absorbiert als die Erde mit siebzig Prozent, ist dies am deutlichsten zu erkennen. Ihr Treibhauseffekt beträgt mehrere hundert Grad. Diese Betrachtung verdeutlicht, dass es ziemlich gefährlich sein kann, wenn man mit einem Planeten herumexperimentiert, indem man die Zusammensetzung seiner Atmosphäre, sprich den Gehalt von Treibhausgasen, erhöht. Dies wird unweigerlich seine Oberflächentemperatur und damit die Wetterabläufe bzw. sein Klima beeinflussen, und damit die Bedingungen für das Leben insgesamt. Es gibt darüber hinaus verstärkende Faktoren, die eine anfängliche Erwärmung weiter anwachsen lassen. Allen voran wäre da die Wasserdampf-Rückkopplung zu nennen: Höhere Temperaturen führen beispielsweise dauerhaft zu mehr Wasserdampf in der Atmosphäre, der den Treibhauseffekt zusätzlich intensiviert.

Während ihrer langen Geschichte waren die Bedingungen auf der Erde fast immer relativ lebensfreundlich. Ihr Klima war und ist im Vergleich zu dem der anderen Planeten sehr mild, obwohl es immer wieder Änderungen in den *Randbedingungen* gab, wie beispielsweise eine kontinuierliche Erhöhung der Sonnenstrahlung um etwa dreißig Prozent während der letzten vier Milliarden Jahre. Die Erde behauptete moderate Temperaturen, während es auf der Venus so heiß wurde, dass ihre Ozeane komplett verdunsteten. Der Mars andererseits endete als Kühlschrank.

Es steht außer Frage, dass flüssiges Wasser den Mars in seiner Vergangenheit maßgeblich prägte. Das deutlichste Anzeichen hierfür sind Systeme von Schluchten, die eine große Ähnlichkeit mit verästelten Talsystemen auf der Erde haben. Auch die erhöhte Erosionsrate, die an alten Einschlagskratern zu beobachten ist, spricht dafür, dass es auf der Oberfläche des Mars vor rund vier Milliarden Jahren flüssiges Wasser gegeben haben muss. Ganz offensichtlich wurde der Großteil der Marsoberfläche von Wasser geformt. Wissenschaftler standen lange vor einem Rätsel: Klimamodelle ergaben nämlich, dass die Temperatur auf der Oberfläche des Mars deutlich unter dem Gefrierpunkt für Wasser liegen musste. In der sogenannten „Noachischen Periode“ vor etwa 3,8 Milliarden Jahren besaß der Mars zwar eine vergleichsweise dichte Atmosphäre; aktive Vulkane setzten Treibhausgase wie Methan und Kohlenstoffdioxid frei. Die Wissenschaftler berechneten mit verschiedenen Klimamodellen die damaligen Temperaturen und vermuten, dass die Oberflächentemperatur des Roten

Planeten bei etwa minus 28 Grad Celsius lag. Wie also hätte es flüssiges Wasser unter derart kalten Temperaturen geben können?

Einem Forscherteam um Prof. Mars Altland von der Abteilung „Paläo-Klima“ der Mars-Universität gelang es, den scheinbaren Widerspruch zu enträtseln. Mars Altland und sein Team erweiterten die Modelle und berechneten den Gefrierpunkt des Wassers, wenn darin Salze aus dem Marsgestein gelöst sind. Regen und Schmelzwasser waschen bekanntermaßen bei uns auf der Erde permanent Mineralien und Salze aus den Gesteinsschichten des Festlandes. Tausende von Flüssen transportieren die gelösten Salze als versteckte Fracht ins Meer und dort erhöht sich schließlich die Salzkonzentration.

Das könnte auch in der Frühphase des Mars der Fall gewesen sein. Wasser gefriert, wenn es Salz enthält, erst bei niedrigeren Temperaturen. Aus genau diesem Grund streuen wir im Winter bei Eis und Schnee Salz auf die Gehwege und Straßen.

Aber nun zurück zum Mars. Die Forschergruppe der Mars-Universität analysierte Gesteinsproben von Fels Marsstein, der mit einem von ihm selbst entwickelten Roboter aus dem Marsinneren heraus die Marsoberfläche untersuchte. Sie erinnern sich an ihn? Er hat schon die Venus vermessen. Übrigens hat Fels Marsstein ganz nebenbei auch unsere Marssonden gewartet, ohne dass wir es auf der Erde mitbekommen hätten. Die Wissenschaftler der NASA wunderten sich zwar, wieso beispielsweise ihre Sonde Phoenix so lange durchhielt. Über fünf Monate lang trotzte sie den widrigen Bedingungen auf unserem Nachbarplaneten. Ursprünglich sollte sie maximal neunzig Tage funktionieren. Sie hatten sich aber nichts weiter dabei gedacht und dankten dem Himmel für die Verlängerung.

Mit Fels Marssteins Hilfe konnte sich das Team von Paläo-Klimaforscher Mars Altland einen Eindruck von den möglichen Salzgehalten verschaffen, die das Urmeer auf dem Mars hätte haben können. Das wichtigste Ergebnis der in der Fachzeitschrift „nature-mars“ veröffentlichten Studie: Wenn ein bestimmter Teil der auf dem Mars vorkommenden und aus der Verwitterung des basalthaltigen Gesteins entstandenen Salze im Wasser gelöst wäre, bliebe das Wasser bis weit unter den Nullpunkt flüssig. Selbst bei minus 50 Grad Celsius wären so immerhin noch sechs Prozent des ehemals auf dem Mars vorhandenen Wassers flüssig gewesen. Die gelösten Salze ermöglichten also einem Großteil des Marswassers, bei den extrem niedrigen Temperaturen flüssig zu bleiben und Täler und Ozeane formen. Das Wasser des Mars gefror jedoch. Heute ist der Mars kalt und trocken, und es gibt auf dem roten Planeten keinen Wasserkreislauf wie auf der Erde mehr. Die Salze spielen auch bei uns auf der Erde eine wichtige Rolle, und zwar für die Meeresströmungen. Doch dazu später mehr.

Ursprünglich, als das Sonnensystem vor etwa 4,5 Milliarden Jahren geboren wurde, ähnelten sich die drei Planeten Venus, Erde und Mars in ihrer Zusammensetzung, sie unterschieden sich jedoch in ihrem Abstand von der Sonne und in ihrer Größe. Die Venus und die Erde sind ungefähr gleich groß, während der Mars deutlich kleiner ist. An der Mars-Universität hat man herausgefunden, warum die Faktoren Größe und Sonnenabstand so grundsätzlich unterschiedliche Entwicklungen auf den drei Planeten verursachten. Die Temperatur eines Planeten hängt daneben von der Stärke des Treibhauseffekts ab und damit von der Zusammensetzung seiner Atmosphäre. Diese Lektion haben wir inzwischen gelernt.

Welche Vorgänge kontrollieren eigentlich die Zusammensetzung einer Atmosphäre? Die uns umgebende Luft ist nicht statisch in dem Sinne, dass sich ihre Zusammensetzung nicht änderte. In Wirklichkeit tut sie es fortlaufend, auch ohne das Zutun von uns Menschen: von Monat zu Monat, von Jahr zu

Jahr und ganz stark in noch viel längeren Zeiträumen von vielen Jahrtausenden bzw. Jahrmillionen. So schwanken beispielsweise die Treibhausgaskonzentrationen bei uns auf der Erde erheblich zwischen den Warm- und Eiszeiten. Während Warmzeiten sind sie eher hoch, während Eiszeiten eher niedrig. Das Entstehen und Vergehen von Eiszeiten besitzt zwar astronomische Ursachen, die Änderung der Treibhausgaskonzentrationen jedoch wirkt wie auch andere Rückkopplungen als Verstärker.

Die verschiedenen Gase zirkulieren zwischen verschiedenen Speichern, von denen die Atmosphäre nur einer ist. So ist beispielsweise der Gehalt von Wasserdampf durch den *hydrologischen Zyklus*, den Wasserkreislauf, bestimmt. Der Wasserdampf kommt durch die Verdunstung in die Atmosphäre und verlässt diese wieder durch den Niederschlag.

Marslene vom Anderen Stern hat sich in ihrer wissenschaftlichen Laufbahn eingehend mit diesem Thema beschäftigt und die verschiedenen Stadien des Wasserkreislaufs akribisch dokumentiert. Dabei fiel ihr immer wieder die einzigartige Rolle der Wolken als eine Art Rangierbahnhof auf: Bestimmte Züge fahren hinein, andere hinaus. Die Bildung von Wolken und der in ihnen entstehende Niederschlag verhindert eine gefährliche Anreicherung des Wasserdampfes in der Atmosphäre und damit eine Art Super-Treibhauseffekt, der einen Planeten unbewohnbar machte.

Der Kohlenstoffkreislauf kontrolliert den Gehalt von Kohlendioxid in der Atmosphäre, der Methankreislauf die Methan- und der Stickstoffkreislauf die Stickstoffkonzentration. Auf der Erde haben wir Glück, dass ein Rädchen ins andere greift, wodurch sich unsere Treibhausgaskonzentrationen nicht nennenswert von den jeweils optimalen Werten entfernen. Letztere haben sich jedoch sehr wohl während der langen Geschichte auf der Erde in Zeiträumen von Jahrmillionen geändert. Und das war gut so!

Unsere Atmosphäre entstand durch Vulkanausbrüche, die eine Vielzahl von Gasen in die Atmosphäre schleuderten, darunter das Treibhausgas Wasserdampf. Ursprünglich dachten die Marsmenschen, dass sie Glückspilze seien, weil es auf dem Mars keinen Vulkanismus mehr gibt. Sie sagten sich, dass sie wenigstens einen Vorteil gegenüber den Erdenmenschen hätten. Katastrophen, die sie immer wieder auf der Erde nach starken Vulkanausbrüchen beobachteten, seien schließlich bei ihnen auf dem Mars nicht möglich.

So wie 1815, als der indonesische Vulkan Tambora ausbrach. Dieser Ausbruch war so stark, dass das folgende Jahr 1816 als das *Jahr ohne Sommer* in die Geschichte Nordamerikas und Europas einging. Sogar im Flachland fiel in den Sommermonaten Schnee, katastrophale Missernten und Hungers-

nöte waren die Folge. Obwohl die Vulkane auf der Erde immer mehr Wasserdampf in die Atmosphäre entließen, verstärkte sich der Treibhauseffekt nicht unentwegt, sodass die Temperatur der Erde auch nicht weiter anstieg. Der Grund hierfür: Die Atmosphäre war irgendwann mit Wasserdampf gesättigt, weswegen der Wasserdampf kondensierte, sich also flüssiges Wasser bildete – die Wolken entstanden. Innerhalb der Wolken wuchsen die zunächst sehr kleinen Tröpfchen und es bildete sich Regen oder Schnee. Der Niederschlag entfernte das Wasser sehr effektiv aus der Atmosphäre, es entstanden die Weltmeere, und es stellte sich ein Wasserkreislauf ein, der die atmosphärische Wasserdampfkonzentration bis heute bestimmt.

Damit die Luft gesättigt ist, muss sie einen bestimmten Gehalt an Wasserdampf überschreiten. Dieser Grenzwert steigt mit der Temperatur stark an. Daher kann das Erreichen des Grenzwertes, des *Sättigungsdampfdruckes*, vermieden werden, wenn die Temperatur hinreichend hoch ist. Es käme dann zu einer Art Super-Treibhauseffekt, d.h. der Planet würde mehr Energie von der Sonne absorbieren als er selbst ins Weltall abzustrahlen imstande wäre. Im Englischen nennt man diesen Vorgang *„runaway greenhouse effect"*. Der Wasserdampf selbst kann im Prinzip für die hohen Temperaturen sorgen, weil er ein äußerst effektives Treibhausgas ist.

Und genau dies passierte auf der Venus, die vermutlich wie der Mars in ihrer frühen Phase Meere besaß. Wegen ihrer relativen Nähe scheint die Sonne auf der Venus stärker als bei uns auf der Erde, sodass es dort ohnehin wärmer ist. Daher besaß die Venus-Atmosphäre auch mehr Wasserdampf. Der Treibhauseffekt durch eine bestimmte Menge Wasserdampf in einer Atmosphäre verstärkt sich darüber hinaus mit zunehmender Temperatur. Als sich die Sonnenstrahlung im Laufe der Zeit verstärkte und die Temperatur weiter anstieg, verstärkte sich auch die Verdunstung, und es gelangte immer mehr Wasserdampf in die Venus-Atmosphäre. Hinzu kam der Wasserdampf aus den Vulkanen. Ein Teufelskreis begann: Immer mehr Wasserdampf strebte in die Atmosphäre, der Treibhauseffekt verstärkte sich, und die Temperatur stieg immer mehr an. Eine Sättigung des Wasserdampfs war unmöglich geworden, die Temperaturen waren einfach zu hoch. Irgendwann war der Siedepunkt für Wasser erreicht, die Meere kochten und verloren ihr gesamtes Wasser in Form von Wasserdampf an die Atmosphäre. Infolge der enorm hohen Temperaturen konnten die Wassermoleküle (H_2O) in große Höhen aufsteigen, wo sie die aggressive ultraviolette (UV) Strahlung in ihre Bestandteile Wasserstoff (H_2) und Sauerstoff (O) spaltete. Die leichten Wasserstoffmoleküle entwichen in den Weltraum, die Sauerstoffatome (O) fanden sich zu molekularem Sauerstoff (O_2) zusammen, der mit dem bei derart heißen Temperaturen aus den Gesteinen freigesetzten Kohlenstoff (C) reagierte. Das Treibhausgas Kohlendioxid (CO_2) bildete sich. Dazu kam weiterhin das Kohlendioxid aus den Vulkanen, was schließlich zu der enorm hohen CO_2-Konzentration führte, die wir heute auf der Venus messen. Das Kohlendioxid besitzt einen Anteil von etwa 95 Prozent an der Venus-Atmosphäre. Erinnern wir uns: Auf der Erde sind es gerade mal magere 0,039 Prozent. Wasser gibt es so gut wie keines mehr auf der Venus. Sie ist zwar von Wolken umhüllt. Diese bestehen jedoch nicht aus Wasser, sondern aus schwefelhaltigen Verbindungen. In der Frühzeit unseres Sonnensystems gab es demnach auf der Venus eine gigantische Klimakatastrophe, und sie hält immer noch an.

Das Schicksal der Venus blieb der Erde erspart, sie wurde nie in ihrer Geschichte außergewöhnlich heiß. Die Temperaturen auf der Erde waren stets hinreichend niedrig, dass sich Wolken bilden konnten. Umgekehrt war die Erde auch in ihrer Frühzeit angenehm warm, als die Sonne noch recht schwach schien.

„Aber wie kann das angehen?", fragte sich Marslene vom Anderen Stern immer wieder als Jungwissenschaftlerin. Dieses Rätsel ließ ihr keine Ruhe. Schließlich gab sie die Anregung zur Beantragung des Exzellenzclusters „Geschichte der Planetenatmosphären" bei der MVFG (Mars-Venus Forschungsgemeinschaft), an der ebenfalls der Paläo-Klima-Fachmann Mars Altland und Treibhauseffekt-Experte Mars-Peter Erdmann maßgeblich beteiligt waren. In interdisziplinärer Zusammenarbeit fanden Altland und Erdmann zusammen mit ihren Kollegen von der Mars-Universität und der Venus, allen voran Prof. Venus Karbon, eine plausible Erklärung: Ein verstärkter Treibhauseffekt infolge einer höheren Kohlendioxidkonzentration sorgte für milde Temperaturen auf der Erde, als die Sonne viel schwächer schien als heute.

Venus Karbon ist Chemikerin und beschäftigt sich mit Stoffkreisläufen, selbstverständlich auch mit dem Kohlenstoffkreislauf. Die atmosphärische CO_2-Konzentration wird durch ihn bestimmt, basierend auf den Austauschvorgängen zwischen der Atmosphäre, der Biosphäre, den Weltmeeren und der festen Erde.

Durch Vulkanausbrüche gelangt Kohlendioxid in die Atmosphäre. Seine Entfernung aus der Atmosphäre über einen Zeitraum von Millionen von Jahren erfolgt über die *Verwitterung*. Regenwasser reagiert mit dem atmosphärischen Koh-

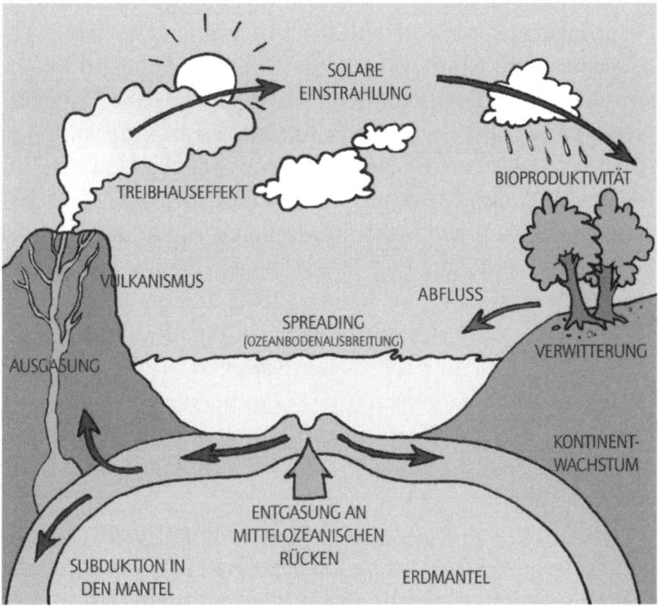

lendioxid, sodass eine schwache Säure entsteht, die das Gestein erodiert. Die von ihm gelösten Kohlenstoffverbindungen werden durch Winde und Flüsse in die Meere verfrachtet und enden schließlich auf dem Meeresboden. Die Existenz von Leben beschleunigt diesen Prozess. Auf Land führt der Zerfall von Pflanzen zu mehr CO_2 in den Böden. Dadurch können bestimmte Mineralien effektiver erodiert werden. Einige Organismen im Meer verwenden Kohlenstoffverbindungen, um ihre Schalen zu bilden. Nach dem Absterben sinken ihre Überreste auf den Meeresboden und mit ihnen der Kohlenstoff. Es bilden sich die Sedimente.

Aber wie kommt der Kohlenstoff wieder zurück in die Atmosphäre? Zum besseren Verständnis müssen wir einen kleinen Umweg in Kauf nehmen. Auch wir auf der Erde haben eine Fülle großer Wissenschaftler hervorgebracht. Einer von ihnen ist Alfred Wegener (1880–1930), dem wir die Kenntnis darüber verdanken, dass sich die Kontinente bewegen. Ursprünglich, vor etlichen Millionen Jahren, als noch die exotischsten Tiere lebten, waren alle Kontinente in dem Superkontinent Pangäa vereint. Afrika und Südamerika beispielsweise passen ganz prima zusammen, wenn man sich den Atlantischen Ozean zwischen ihnen wegdenkt. Und sie driften mit einer Geschwindigkeit von einigen wenigen Zentimetern pro Jahr immer weiter auseinander. Sie können ja mal ausrechnen, wie lange es dauert bis die beiden Kontinente zehn Kilometer geschafft haben. Richtig, bis zu eine Million Jahre! Und genau deswegen nehmen wir die Kontinentalverschiebung nicht wahr. Deren Bewegung führt allerdings zu sekundären Phänomenen, wie dem Vulkanismus oder den Erdbeben, die uns allen geläufig sind. Wie auch die Seebeben, die riesige Flutwellen auslösen können, die wir als *Tsunamis* kennen.

Die Erdkruste, die wie eine Eierschale mit vielen Sprüngen aussieht, besteht aus vielen einzelnen Platten. Und diese Platten bewegen sich, was Alfred Wegener schon Anfang des letzten Jahrhunderts behauptete. Dafür hat man ihn übriges damals ausgelacht; er war eben seiner Zeit weit voraus. Der Wissenschaftszweig, der sich mit dem Ursprung der Plattenbewegungen beschäftigt, nennt sich *Plattentektonik*. Außergewöhnlich heißes Material strebt im Erdinneren aus dem Erdmantel nach oben. Man spricht von *Konvektion*. Dieses Phänomen bezeichnet das Auf- bzw. Absteigen von Stoffen, die im Vergleich zu ihrer Umgebung eine andere *Dichte*, d.h. eine andere „Schwere", besitzen. So kennen wir alle das Phänomen, dass warme Luft aufsteigt, was u.a. auch ein wichtiger Prozess für die Wolkenbildung ist. Segelflieger nutzen die *Thermik*, um voranzukommen, ebenfalls eine Folge der Konvektion.

Dort wo das heiße Erdinnere nach oben strömt, entstehen Gebirge, die meist unterhalb der Meeresoberfläche liegen. Der Mittelatlantische Rücken ist ein Beispiel, das sicherlich viele von Ihnen kennen. Er liegt größtenteils weit unter der Meeresoberfläche. Einige Berge ragen jedoch aus dem Meer heraus. Island etwa, und deswegen spuckt die Insel buchstäblich Feuer. Island mit seinen vielen heißen Quellen und den zahlreichen aktiven Vulkanen hat eben einen direkten Zugang in das heiße Erdinnere.

Wegen des Aufquellens von Material aus dem Erdinneren muss sich die Erdkruste nach beiden Seiten weg bewegen. Die Kontinente wie auch die Meeressedimente bewegen sich mit den Platten, sie reisen gewissermaßen im Huckepack auf ihnen. Einige Platten schieben sich unter andere und gelangen durch diese *Subduktion* wieder in das heiße Erdinnere. Das läuft nicht immer wie „geschmiert", es ruckelt hin und wieder etwas, was wir als Erdbeben wahrnehmen.

Im Erdinneren wieder angekommen, wandeln schließlich sehr komplexe Vorgänge den in den Erdplatten gespeicherten Kohlenstoff in Kohlendioxid um, das durch den Vulkanismus erneut in die Atmosphäre gelangt. Damit ist der Kohlenstoffkreislauf geschlossen. Obwohl ein kompletter Umlauf des

Kohlendioxids viele Millionen Jahre dauert, ist sein Recycling durch die Plattentektonik für das milde irdische Klima von entscheidender Bedeutung. Diese Einsicht verdanken wir Venus Karbon, die als erste den kompletten Kohlenstoffkreislauf beschrieben hat. Sie hat damit wissenschaftliche Pionierarbeit geleistet und wesentlich zum Erfolg des Exzellenzclusters „Geschichte der Planetenatmosphären" beigetragen.

Jetzt haben wir alle Informationen in der Hand, um die Arbeiten von Marslene vom Anderen Stern, Mars Altland, Mars-Peter Erdmann, Venus Karbon und ihren vielen Kollegen vom Mars und von der Venus zusammenzubringen und zu verstehen, warum wir auf der Erde ein dauerhaft mildes Klima hatten.

Stellen wir uns vor, dass die Sonne plötzlich schwächer scheint, so wie es in der Frühgeschichte der Erde tatsächlich lange Zeit der Fall gewesen ist. Die Temperaturen würden selbstverständlich sofort fallen. Weniger Wasser würde in dem kälteren Klima von den Meeren verdunsten und damit auch weniger Regen fallen. Der Prozess der Verwitterung funktionierte dadurch weniger effektiv. Die biologische Produktivität würde sich bei kälteren Temperaturen ebenfalls verringern. Insgesamt würde sich also die Entfernung des Kohlendioxids aus der Atmosphäre verlangsamen. Da jedoch sein Eintrag durch die Vulkane gleich bleibt, würde der CO_2-Gehalt der Atmosphäre steigen. Damit verstärkt sich der Treibhauseffekt, und es wird wieder wärmer.

Die Erde besitzt offensichtlich die Möglichkeit, ihr Klima innerhalb der sehr langen geologischen Zeiträume selbst zu regulieren. Der Kohlenstoffkreislauf wirkt wie ein Thermostat, der dafür sorgt, dass sich die Temperaturen auf unserer Erde stets in einem moderaten Bereich befinden. Dies ermöglichte zu jeder Zeit das Auftreten von flüssigem Wasser, das die notwendige Voraussetzung für die Entstehung und den Fortbestand von kohlenstoffbasiertem Leben ist, so wie es auf der Erde vorkommt.

Die Venus verlor die Möglichkeit der Selbstregulation, als sie ihr Wasser verlor. Dadurch stoppte die Verwitterung, und das CO_2 konnte sich immer mehr in der Atmosphäre anreichern, was schließlich zu dem enormen Treibhauseffekt führte, den wir heute dort feststellen. Auch auf dem Mars gab es offensichtlich keinen Thermostaten, er endete als Kältefalle. Das ist eigentlich merkwürdig, denn die Sonne schien doch mit zunehmendem Lebensalter immer stärker, so wie auch bei uns auf der Erde.

Dank der interplanetaren universitären Zusammenarbeit zwischen Mars und Venus und unserer eigenen Forschung auf der Erde können wir diesen scheinbaren Widerspruch sofort auflösen. Auf der Erde kann, im Gegensatz zum Mars, der in den Meeressedimenten bzw. im Gestein gespeicherte Kohlenstoff in Form von CO_2 aus den Vulkanen wieder in die Atmosphäre gelangen. Das verdanken wir der Plattentektonik. Auf dem Mars ist der Rücktransport des Kohlendioxids unmöglich. Der Grund liegt vermutlich in seiner kleinen Größe. Dadurch gibt es im Innern des Mars nicht genügend Hitze. Es fehlt auf dem Mars daher der entscheidende Prozess, den es zum Glück auf der Erde gibt: die Konvektion im Erdinnern, welche die Bewegung der Erdplatten antreibt.

Die Temperatur im Inneren eines Planeten entsteht durch radioaktive Zerfallsprozesse und steigt so lange, bis sich ein Gleichgewicht zwischen der Wärme-Produktionsrate im Inneren und der Wärme-Verlustrate durch die Oberfläche einstellt. Um die Wärme im Inneren zu maximieren, muss ein Planet sein Volumen und damit die Menge des radioaktiven Materials maximieren und gleichzeitig seine Oberfläche möglichst klein halten. Die Kugelform ist dafür von Vorteil, wobei größere Kugeln besser sind als kleinere. Der Mars ist im Vergleich zur Erde eine kleine Kugel und besitzt eine für sein Volumen relativ große Oberfläche, sodass er schnell Wärme aus dem Inneren verliert. Die Temperaturen im Inneren des Mars sind daher zu niedrig, um das Phänomen der Konvektion aufrechtzuerhalten. Durch die Bewegung der Platten bei uns auf der Erde können ja Sedimente oder Gestein in das sehr heiße Erdinnere gelangen. Der in ihnen enthaltene Kohlenstoff wird dort zu Kohlendioxid umgewandelt, das schließlich durch Vulkanausbrüche wieder in die Atmosphäre gelangt.

Auf dem Mars gelingt das Recycling von Kohlenstoff leider nicht. Es fehlt an genügender Wärme in seinem Inneren, weil er im Vergleich zur Erde so klein ist. Die Plattentektonik fehlt, es gibt keine Konvektion im Inneren des Mars und keinen Vulkanismus, der das Kohlendioxid wieder in die Atmosphäre bringen würde. Der Treibhauseffekt auf dem Mars wurde schwächer und schwächer, und der Planet kühlte aus. Das Wasser gefror. „Liebe Marsmenschen, das tut uns allen auf der Erde von ganzem Herzen leid."

3.

Die Klima-Achterbahn

In Zeiträumen von vielen Millionen Jahren gibt es also so etwas wie eine Selbstregulation des Erdklimas über die Treibhausgaskonzentrationen, die sowohl auf dem Mars als auch auf der Venus fehlt. Das haben die Marsmenschen inzwischen verstanden. „Gut zu wissen", denken sie. „Vielleicht hilft uns diese Erkenntnis, um irgendwann einmal unseren Planeten bewohnbar zu machen." Sie wissen aber auch, dass dies in kürzeren Zeiträumen auf der Erde ganz anders sein kann. „Das Ganze ist doch arg verzwackt. Warum ist denn alles nur so kompliziert? Einen Planeten bewohnbar zu machen, ist in der Tat eine Herkulesaufgabe. Ein Marsmenschenleben ist dafür viel zu kurz."

So oder so ähnlich könnte ein Satz aus der Marsbar klingen, wo sich die Wissenschaftler der Mars-Universität des Öfteren auf einen Kaffee treffen. Übrigens, es gibt die Marsbar auch bei uns auf der Erde, und zwar gleich um die Ecke meiner Hamburger Wohnung im Falkenried. Aber wahrscheinlich wissen die Besitzer gar nichts von der Existenz des Originals auf dem Mars. Wissenschaftler unterhalten sich nicht nur auf der Erde in ihrer Freizeit gern über ihre Arbeit und ungelöste Proble-

me, um die Meinung ihrer Kollegen zu erfahren. Was gibt es schon Spannenderes für uns Wissenschaftler, als die Geheimnisse der Natur zu ergründen. Und genau so denken unsere außerirdischen Kolleginnen und Kollegen.

Die Eiszeitzyklen sind ein Beleg dafür, dass sich die Treibhausgase auf der Erde ganz anders verhalten können und anfängliche Störungen verstärken. Angestoßen durch den irdischen Tanz um die Sonne ändert sich unser Klima in Zeiträumen von vielen Jahrtausenden. Wir Wissenschaftler sprechen von der Änderung der *Orbitalparameter*. Das ist zugegebenermaßen ein schrecklicher Ausdruck, und ich werde versuchen, ihn mit etwas Leben zu füllen.

Die Erdbahn um die Sonne besitzt nicht immer dieselbe Form. Mal ist sie mehr, mal weniger kreisförmig. Dies geschieht mit einem Rhythmus von ungefähr 100 000 Jahren. Man spricht in diesem Zusammenhang von der *Exzentrizität*. Wenn die Erdbahn kreisförmig ist, dann sind der Abstand der Erde von der Sonne und die auf die Erde einfallende Sonnenstrahlung während eines Jahres konstant. Sie schwanken aber, wenn die Erdbahn elliptisch ist. Mal ist die Erde der Sonne näher, mal ist sie weiter von ihr entfernt. Die Temperatur der Erde ändert sich im gleichen 100 000-Jahre-Takt, was wir ganz deutlich in der folgenden Abbildung sehen.

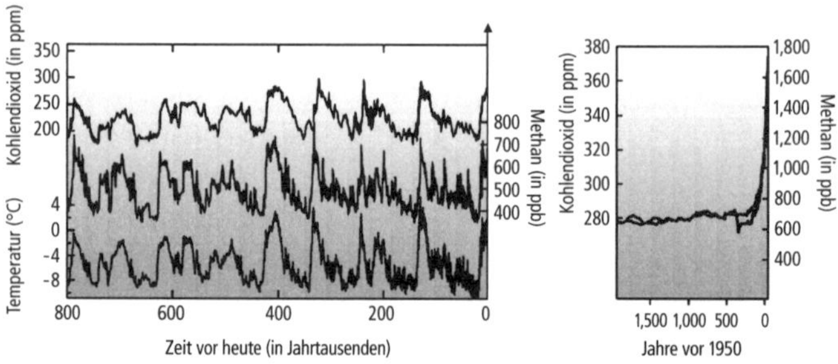

Diese langsame Änderung der Erdbahn ist ein wichtiger Taktgeber für die Warm- und Eiszeiten, zumindest während der letzten eine Million Jahre. In diesen „kurzen“ Zeiträumen verstärkt die Änderung der Treibhausgaskonzentrationen die astronomisch angeregte Störung des Klimas. So war der Gehalt des Kohlendioxids während des Höhepunkts der letzten Eiszeit vor etwa 20 000 Jahren mit nur ca. 0,018 Prozent vergleichsweise niedrig und führte damit zu einem abgeschwächten Treibhauseffekt und zu noch niedrigeren Temperaturen. Umgekehrt war der Gehalt an Treibhausgasen während der Warmphasen relativ hoch. In der Eem-Warmzeit vor ca. 125 000 Jahren lag der CO_2-Gehalt bei etwa 0,028 Prozent, so hoch wie zu Beginn der Industrialisierung. Das heißt, es gibt in diesem Fall keine Selbstregulation. Der Kohlenstoffkreislauf wirkt verstärkend. Und hier liegt eine weitere Ursache für das Klimaproblem. Es laufen, wenn man „kürzere“ Zeiträume betrachtet, verstärkende Prozesse ab, die eine an sich kleine anfängliche Störung zu einer massiven globalen Klimaänderung werden lassen können: kleine Ursache, große Wirkung eben.

Die Neigung der Rotationsachse eines Planeten ist für die Existenz der Jahreszeiten verantwortlich, denn je nachdem, auf welcher Seite der Sonne sich der Planet auf seiner alljährlichen Reise um sie befindet, bekommt die eine oder andere Halbkugel jeweils mehr Sonnenstrahlung ab. Je größer die Neigung, desto mehr Sonnenstrahlung erhalten die Pole im Sommer. Die heutige Neigung der Erdachse ist gering genug, dass die Pole hinreichend kalt werden können, um permanent mit Eis bedeckt zu ein. Wäre die Neigung der Erdachse größer, würden die Pole mehr Sonnenstrahlung im Sommer erhalten, sodass sich die Polkappen vermutlich zurückziehen würden. Umgekehrt würde eine Verringerung der Neigung der Erdachse ein Anwachsen der polaren Eisschilde zur Folge haben.

Nun ist es aber so, und das wissen die Marsmenschen aus eigener Erfahrung nur zu gut, dass sich im Laufe der Jahrtausende die Neigung der Rotationsachse ändert: Die Rotationsachse der Erde beispielsweise schwankt mit einer Periode von ca. 41 000 Jahren zwischen etwa 22 und 24,5 Grad. Diese *Nutation* ist neben der Exzentrizität ein weiterer Faktor, der zu langsamen Änderungen in der Verteilung der Sonnenstrahlung auf der Erde führt und damit zu starken Klimaschwankungen.

Haben Sie es gemerkt? Selbstverständlich, haben Sie es gemerkt, liebe Leserinnen und Leser. Ich bitte Sie vielmals um Entschuldigung. Wie konnte ich nur so dumm fragen. Ich habe gerade geschrieben, dass die Marsmenschen sehr gut „aus eigener Erfahrung" über die Nutation Bescheid wissen. Auf dem Mars gibt es nämlich zahlreiche Spuren einstiger Vergletscherungen, auch jenseits der Pole. Da es auf dem Roten Planeten heute keinen Wasserkreislauf wie auf der Erde gibt, stellt sich die Frage, woher das Eis der Gletscher ursprünglich kam.

Der Gruppe um Paläo-Klimaforscher Mars Altland gelang es, mit Hilfe von Klimasimulationen der Abteilung Theorie und Modellierung der Mars-Universität, die Entstehung der Marsgletscher weit entfernt der Pole nachzuvollziehen. Entscheidend war vermutlich, so zeigen die Modellrechnungen, eine stärkere Neigung der Marsachse und die Tatsache, dass ein Jahr auf dem Mars in etwa doppelt so lang ist wie bei uns. Die Forscher verwendeten in ihren Rechnungen eine Neigung von 45 Grad, heute beträgt sie lediglich 25 Grad. „Eine solch starke Neigung kam in der Marsgeschichte häufig vor. Tatsächlich war die Marsachse sogar vor nur 5,5 Millionen Jahren entsprechend stark geneigt", schreibt Mars Altland in einem Aufsatz in der Fachzeitschrift „nature-mars".

Nur ist gut. Der gute Mars Altland hat wohl eine etwas andere Zeitrechnung. Die Uhren der Paläo-Klimaforscher ticken tatsächlich anders. Das weiß ich von meinem eigenen Umgang mit den Kollegen aus der Paläoozeanographie. Damals, also vor „nur“ 5,5 Millionen Jahren, könnten die Gletscher entstanden sein, deren Spuren sich auf den Aufnahmen unserer Marssonden zeigen. Die stärkere Neigung der Marsachse führte in den Sommermonaten zu einem stärkeren Verdampfen des Eises am Nordpol des Planeten. In der Sprache der Wissenschaft sagt man, dass sich die *Sublimation* verstärkt hatte.

Die Klimarechnungen von Mars Altland und seinen Kollegen zeigen, dass sich dieses Wasser in Form von Eispartikeln – bedingt durch die vorherrschenden Winde – an einigen Hängen der Berge Elysium Mons, Olympus Mons sowie den drei Vulkanen der Region Tharsis Montes niederschlägt.

Übrigens, die Berge auf dem Mars haben es in sich. Olympus Mons ist der größte Vulkan unseres Sonnensystems und sehr treffend nach dem Sitz der griechischen Götter benannt worden. Seine Ausmaße sind gigantisch. Er ist bei einem Basisdurchmesser von 600 Kilometern 22 Kilometer hoch! Demgegenüber erscheint der höchste Berg der Erde, der Mount Everest, mit seinen knapp neun Kilometern geradezu als Winzling. Es gibt doch einiges, was der Mars unserer Erde voraushat.

Die Akkumulationsrate der Eisschicht an den Hängen betrug in den Modellrechnungen zwischen dreißig und siebzig Millimeter pro Jahr. Innerhalb weniger Jahrtausende können auf diese Weise Gletscher heranwachsen, die viele hundert Meter dick sind. Erstaunlicherweise stimmt die Position der Gletscherbildungen in vielen Fällen sehr genau mit den Orten überein, an denen heute Gletscherspuren zu finden sind. Wieso erstaunlicherweise? Weil ich als „Modellmensch“ um die Schwachstellen der Modelle weiß. Also, Test bestanden. Das gibt uns zusätzliches Vertrauen in sie.

Wir auf der Erde können uns glücklich schätzen, dass die Neigung der Erdachse nur relativ wenig schwankt. Vielen

Dank, liebe Frau Luna! Denn der Erdtrabant ist nicht nur das erste Gestirn im weiten All, auf dem wir gelandet sind. Er ist es auch, der mit seiner Anziehung die Neigung der Erdachse stabilisiert. Die vergleichsweise kleinen Neigungsschwankungen reichen zwar aus, um prominente Klimaschwankungen auszulösen; viel größere Schwankungen wären verheerend, wie uns das Beispiel des Planeten Uranus verdeutlicht. Er besitzt eine extrem starke Neigung von fast einhundert Grad, sodass er praktisch auf der Seite liegt, als würde er schlafen. Wenn Uranus der Sonne am nächsten ist, empfängt eine Halbkugel Sonnenlicht und es ist dort Sommer. Zur selben Zeit ist die andere Halbkugel komplett dunkel, und es herrscht dort Winter. Ich könnte mich schlecht mit einem halben Jahr kompletter Dunkelheit und eisiger Kälte anfreunden, insbesondere bei einer Jahreslänge auf dem Uranus von 82 Erdjahren. Sie wahrscheinlich auch nicht.

Wenn Uranus von der Sonne am weitesten entfernt ist, dann sind die Verhältnisse genau umgekehrt. Das klingt auch nicht gut, so lange gar keine Dunkelheit. Im Sommer werde ich schon recht früh wach; meistens stehe ich dann auf und überrasche die Putzkolonne im Leibniz-Institut für Meereswissenschaften. Ich kann mir nicht vorstellen, noch früher aufzuwachen bzw. noch weniger zu schlafen. Deswegen bin ich auch nicht gerade unglücklich darüber, dass ich nicht jenseits des Polarkreises wohne, wo man mit diesen Verhältnissen gezwungenermaßen leben muss, auch wenn sie bei Weitem nicht so lange andauern wie auf dem Uranus.

Ein dritter Faktor, der die Verteilung der Sonnenstrahlung auf der Erde ändert und zu deutlichen Klimaänderungen führt, hat mit der Form der Erde zu tun. Die Erde ist keine perfekte Kugel, sie hat am Äquator einen Bauch. Sie kennen das, die Erde ähnelt uns Menschen in dieser Hinsicht. Hand aufs Herz, kämpfen Sie nicht auch ein wenig mit Ihrem Bäuchlein? Und weil die Erde eben einen Bauch hat, bewirken Sonne und Mond, dass unsere Erde förmlich taumelt.

Die Orientierung der Erdachse im Raum beschreibt einen Kreis, die Neigung der Erdachse selbst ist davon jedoch nicht betroffen. Dieser als *Präzession* bekannte Prozess mit einer Periode von etwa 22 000 Jahren bestimmt, wo auf der Erdbahn Sommer und Winter sind. Wäre die Erdbahn ein Kreis, hätte die Präzession keine klimatologische Relevanz. Die Erdbahn ist aber seit vielen Jahrtausenden elliptisch, und deswegen spielte die Präzession in der jüngeren Erdgeschichte durchaus eine Rolle. Zurzeit ist die Erde der Sonne im Januar am nächsten. Vor 11 000 Jahren hingegen war das im Juli der Fall. Sowohl die Nutation als auch die Präzession können Sie mit Hilfe eines Kreisels nachstellen. Er führt sehr ähnliche Bewegungen aus. Versuchen Sie es doch selbst einmal, falls Ihre Kinder es Ihnen gestatten sollten. Bestechung mit etwas Schokolade oder einer Kugel Eiskrem könnte helfen, das Wohlwollen Ihrer Kinder zu erlangen.

Der Serbe Milutin Milanković (1879–1958) hatte bereits in den Dreißigerjahren des letzten Jahrhunderts die Änderung der drei Orbitalparameter Exzentrizität, Nutation und Präzession als Ursache für das Entstehen und Vergehen von Eiszeiten vorgeschlagen. Er benutzte die Newton'schen Gesetze der Himmelsmechanik, um seine für damalige Verhältnisse zu revolutionäre Theorie zu entwickeln. Die *Milanković-Theorie* wurde lange nicht akzeptiert, ist inzwischen jedoch anerkannt und sogar Lehrbuchwissen. Ihm erging es wie Alfred Wegener, dem wir bereits weiter oben begegnet sind. Beide waren ihrer Zeit weit voraus, so wie viele andere bedeutende Wissenschaftler.

Periodische Änderungen der Orbitalparameter lassen zwar die jahreszeitliche und breitenabhängige Verteilung der einfallenden Sonnenstrahlung am oberen Rand der Atmosphäre schwanken, jedoch kaum die über das Jahr gemittelte globale Einstrahlung. Wie sollte man dann durch die Milanković-Theorie so etwas wie eine Eiszeit erklären können? Man fand jedoch Jahrzehnte später genau die von Milanković postulierten Perioden von 100 000, 41 000 und 22 000 Jahren in Rekonstruktionen des vergangenen Klimas wieder.

Derartige Rekonstruktionen werden auf vielfältige Art und Weise durchgeführt. In der Abbildung weiter oben (S. 42) sind die Ergebnisse aus Bohrungen im antarktischen Eis gezeigt. Die großen Eisschilde sind so etwas wie die Archive der Erde und zeichnen das Klima über Jahrhunderttausende auf. Man kann beispielsweise die im Eis enthaltenden Luftbläschen analysieren und den Gehalt von Spurengasen ermitteln oder über Sauerstoffisotopenmessungen auf das globale Eisvolumen und somit auf die weltweite Durchschnittstemperatur der Erde schließen. Dabei fallen vor allem zwei Dinge auf. Erstens ist der mit der Exzentrizität verbundene 100 000-Jahre-Zyklus in den Klima-Rekonstruktionen vorherrschend. Zweitens sieht man eine erstaunliche Parallelität der zeitlichen Verläufe von Temperatur und Kohlendioxid.

Aus der Vergangenheit lassen sich wichtige Schlüsse ziehen. Erstens: Es gibt auch ohne den Menschen massive Klimaänderungen – etwa die Eiszeiten. Diese verlaufen aber in Zeiträumen von vielen Jahrtausenden. Zweitens: Das Klima reagiert sehr empfindlich auf vergleichsweise kleine Störungen. Die Exzentrizität beispielsweise verursacht eine Änderung von gerade mal einigen Zehntel Watt pro Quadratmeter in der im globalen Mittel auf die Erde einfallenden Sonnenstrahlung, was tatsächlich lächerlich wenig ist. Drittens: Es muss daher verstärkende Prozesse geben. Einer dieser Prozesse ist die praktisch simultane Änderung in der Konzentration der Spurengase, wie die von Kohlendioxid oder Wasserdampf. Diese Rückkopplung spielt eine herausragende Rolle: Es ist auf der Erde kalt gewesen, wenn sich wenig Spurengase in der Atmosphäre befunden hatten, und warm, wenn deutlich mehr Spurengase in unserer Atmosphäre waren. Schließlich viertens: Das Erdklima reagiert hin und wieder ziemlich abrupt auf die langsamen Änderungen der Orbitalparameter. Ein Beispiel ist die Reaktion der Sahara, die vor einigen tausend Jahren noch eine üppige Vegetation aufwies und viele Säugetiere beherbergte. Heute weiß man, dass sich die Sahara vor etwa 6000 Jahren vermutlich innerhalb nur weniger Jahrzehnte zu einer Wüste verwandelte, und zwar wegen der langsam abnehmenden Sonneneinstrahlung im Sommer – einer Folge der Präzession.

Es gibt offensichtlich im Erdsystem immer wieder Überraschungen, mit denen man nicht unbedingt rechnen würde. Deswegen sollten wir nicht als diejenigen in die Geschichte des Universums eingehen, die das größte Experiment überhaupt mit einem Planeten angestellt haben, ohne zu wissen, wie die Folgen aussehen könnten.

Was bedeutet dies alles aber für die derzeitige Klimabeeinflussung durch uns Menschen? Die Botschaft, die uns die Marsmenschen verständlich machen möchten, lautet, dass die Reaktion des Erdklimas auf Störungen sehr stark von den betrachteten Zeiträumen abhängt. Man kann aus der Möglichkeit der Selbstregulation in Zeiträumen von Milliarden Jahren nicht schließen, dass sich die Erde immer so verhält. Nein, wir können nicht darauf vertrauen, dass uns die Erde die zahlreichen Sünden verzeiht. Betrachtet man nämlich unterschiedliche Zeiträume, dann sind auch unterschiedliche Prozesse wichtig.

Für die Entwicklung des Erdklimas in den kommenden Jahrzehnten spielt beispielsweise die Verwitterung keine Rolle, weil sie ein sehr langsamer Prozess ist, der erst in Zeiträumen von vielen Jahrhunderttausenden langsam an Bedeutung gewinnt. Der Gehalt an Treibhausgasen, allen voran Kohlendioxid, wird in den kommenden Jahrzehnten weiter zunehmen, so wie es auch in den letzten Jahrzehnten der Fall gewesen ist, wenn wir Menschen ihren Ausstoß nicht drastisch zurückfahren. Bereits heute hat der CO_2-Gehalt unserer Atmosphäre einen Wert erreicht, der einmalig in der Geschichte von uns Menschen ist, d. h. für mindestens die letzte eine Million Jahre. Eisbohrungen in der Antarktis liefern klare Anhaltspunkte hierfür, denn die eingeschlossenen Luftblasen lügen nicht. Das Grönland-Eis erzählt uns die Geschichte von zahlreichen klimatischen Überraschungen, die sich in den letzten 100 000 Jahren ereignet und die wir bis heute nicht verstanden haben.

Die Marsmenschen haben uns gelehrt, dass sich ein Mehr an Kohlendioxid in unserer Atmosphäre in einem stärkeren Treibhauseffekt äußert, wodurch sich die Erde in gefährlicher Weise erwärmen könnte. Ein Blick auf die Klimageschichte der Venus genügt, um sich davon zu überzeugen. Erdgeschichtlich gesehen leben wir ohnehin in einer Warmzeit. Aus ihr sollten wir keine Super-Warmzeit werden lassen. Denn deren Auswirkungen kann niemand genau abschätzen. Wollen wir wirklich das Experiment mit unserem Planeten fortführen? Eines ist klar: Ungemütlich würde es allemal. Oder möchten Sie bei einer Temperatur von 50 Grad Celsius im Straßencafé sitzen? Im schlimmsten Fall wäre genau das die Konsequenz unseres Handelns gegen Ende des Jahrhunderts.

4.

Vom Winde verweht

Sie alle, liebe Leserinnen und Leser, kennen das Sprichwort: „Man sieht den Wald vor lauter Bäumen nicht." Schon Alexander von Humboldt (1769–1859) schrieb in seinem legendären Werk *Kosmos – Entwurf einer physischen Weltbeschreibung* vor gut 150 Jahren:

„Der meteorologische Theil des Naturgemäldes, welchen wir hier beschließen, zeigt, daß alle Processe der Lichtabsorption, der Wärmeentbindung, der Elasticitätsveränderung, des hygrometrischen Zustandes und der electrischen Spannung, welche das unermeßliche Luftmeer darbietet, so innig mit einander zusammenhangen, daß jeder einzelne meteorologische Proceß durch alle anderen gleichzeitigen modificirt wird."

Alexander von Humboldt war mitnichten Legastheniker, nein, so schrieb man damals. Ich bin mir aber sicher, dass Sie den Sinn seiner Aussage sofort verstanden haben. Er beschreibt sehr eindringlich die Komplexität der Vorgänge in der Atmosphäre, in dem *Luftmeer*, wie er sie nennt.

Und genau wegen dieser Komplexität betrachten wir die Erde aus der Sicht der Marsmenschen. Uns ist inzwischen klar geworden, warum wir Menschen auf der Erde so ein Riesenglück mit unserem Klima haben. Die Studien der Marsmenschen und des gemeinsamen Exzellenzclusters von Mars und Venus zeigen uns darüber hinaus, warum inzwischen auf den beiden Planeten Mars und Venus derart lebensfeindliche Bedingungen herrschen, dass ihre Bewohner unterhalb der Oberfläche leben müssen. Wir haben uns bis jetzt nicht mit Tiefs und Hochs beschäftigt, nicht mit Hurrikanen oder Tornados und nicht mit den Monsunregen. Nein, wir haben uns mit denjenigen Vorgängen auf der Erde beschäftigt, die unseren Planeten überhaupt erst lebenswert machen. Dabei haben wir bewusst räumliche Details ausgeblendet, die uns den Blick auf das globale Klima verstellt hätten.

Jetzt ist aber die Zeit gekommen, sich gerade mit diesen räumlichen Unterschieden und mit ihren Folgen zu beschäftigen. Sie glauben gar nicht, wie einfach unsere Wetterabläufe zu erklären sind, wenn wir uns auch im Folgenden auf das Wesentliche konzentrieren und uns nicht im Detail verlieren. Unsere liebenswerten Mars- und Venuswissenschaftler werden uns auch weiterhin begleiten. Ihre Forschungen zu Planetenatmosphären sind unbezahlbar, insbesondere ihre Arbeiten über unsere Erdatmosphäre. Man kann das gesamte irdische Klimasystem als eine riesige Wärmekraftmaschine verstehen, die ihre Energie von der Sonne bezieht und diese in Bewegung umsetzt. Diesen Zusammenhang bekommen die Studenten der Mars-Universität schon im ersten Semester beigebracht. Die Einführungsvorlesung hält Mars-Peter Erdmann. Er selbst ist immer wieder verblüfft, wie alle Rädchen auf der Erde ineinandergreifen.

Der unterschiedliche Einfallswinkel, mit dem die Sonnenstrahlen auf die Erdkugel treffen, ist letztlich der Grund für die verschiedenen Klimazonen auf der Erde. Die Tropen sind warm, weil die Sonne hoch über dem Horizont steht. Die Pole dagegen sind kalt, weil die Sonne dort eben weniger hoch steht. Im Winter bekommen die Polarregionen gar keine direkte Sonnenstrahlung, weil die Sonne es nicht schafft, über den Horizont hervorzukommen. In der *Polarnacht* ist es eisig kalt; es herrschen Temperaturen, die nicht gerade zum Bummeln, geschweige denn zum Baden einladen. Wir bekommen durch sie ein Gefühl dafür, wie es den Marsmenschen auf ihrem eisigen Planeten geht. Ist der Einfallswinkel senkrecht, dann ist der Weg der Sonnenstrahlen durch die Atmosphäre relativ kurz, wodurch sie eine vergleichsweise geringe Schwächung erfahren. Deswegen bekommen die meisten von Ihnen in den Tropen schon nach kurzer Zeit einen Sonnenbrand, selbst wenn Sie sich im Schatten aufhalten. Ist dagegen der Einfallswinkel flacher, verlängert sich der Weg der Sonnenstrahlen durch die Atmosphäre, wodurch sie einer stärkeren Schwächung unterliegen. Es dauert daher auf Grönland im Sommer deutlich länger, bis Sie einen Sonnenbrand bekommen.

Die Erdoberfläche in den niedrigen Breiten beiderseits des Äquators erhält demnach relativ viel Sonnenenergie pro Flächeneinheit, die höheren Breiten zu den Polen hin zunehmend weniger. Daraus resultieren unter Berücksichtigung der Wärmeabstrahlung der Erde ein Energieüberschuss in den Tropen und ein -defizit nördlich und südlich davon. Bei einer geographischen Breite von etwa 40 Grad balancieren sich in etwa die empfangene Sonnenenergie und die abgestrahlte Wärmeenergie. Die sich daraus ergebenden kalten und warmen Zonen bedingen Unterschiede im Luftdruck, wodurch unter dem Einfluss der Schwerkraft, der Erddrehung und der Reibung das weltumspannende System der Winde entsteht. Die Reibung sorgt dafür, dass die Winde in Oberflächennähe sehr viel schwächer sind als in der oberen Atmosphäre sowie eine etwas andere Richtung besitzen. Die Winde können Substanzen über tausende von Kilometern hinweg transportieren. Sie haben bestimmt schon einmal eine ganz dünne Schicht roten Saharastaub auf Ihrem Wagen gefunden. Die Winde transportieren im Langzeit-Mittel vor allem aber Energie von den Tropen in die Polargebiete.

„Genial gelöst", denkt Marslene vom Anderen Stern. „Darauf muss man erst einmal kommen. Man lässt einfach die Atmosphäre für sich arbeiten, lässt sie zirkulieren und mindert dadurch die Temperaturunterschiede durch die ungerechte Verteilung der Sonneneinstrahlung."

Die Winde besitzen zwei Möglichkeiten, Wärme zu befördern. Da wäre zunächst die direkte Art, der *fühlbare* oder *sensible Wärmetransport*. Die Winde transportieren warme Luft in die Richtung der Pole und kalte Luft in Richtung des Äquators. So stellt man sich es als Laie vor.

Und dann gibt es außerdem noch die weniger bekannte indirekte Art. Das Wasser spielt dabei wieder einmal eine wichtige Rolle. Die Verdunstung in den niedrigen Breiten entzieht der Oberfläche Wärme. Dieses Phänomen kennen wir vom Schwitzen. Wenn die Schweißperlen auf unserer Haut verdunsten, empfinden wir sofort die kühlende Wirkung. Wenn der Wasserdampf auf seinem Weg in die höheren Breiten kondensiert, sich also von der gasförmigen wieder in die flüssige Phase verwandelt, kommt die gespeicherte Wärme, die *latente Wärme*, frei. Diese Art des Wärmetransports, der *latente Wärmetransport*, setzt natürlich die Existenz von flüssigem Wasser voraus, das auf dem Mars inzwischen fehlt.

„Ja, flüssiges Wasser. Das ist einer der wichtigen Bausteine für einen bewohnbaren Planeten", sinniert Marslene vom Anderen Stern. „Flüssiges Wasser reguliert nicht nur die Temperatur eines Planeten über die Wolkenbildung, sondern es sorgt darüber hinaus dafür, dass die Temperaturgegensätze zwischen Pol und Äquator möglichst gering bleiben."

Man würde niemals auf die Idee kommen, dass die Winde bei aller Unordnung einen derart wichtigen Dienst am Klima leisten, würde man nur kurze Zeiträume von Stunden oder Tagen betrachten. Erst die langfristige Sicht, etwa die Auswertung von Wetteraufzeichnungen über eine ganze Jahreszeit, offenbaren den Nettotransport von Wärme aus den Tropen in die höheren Breiten, ein Vorgang, der, das haben wir gerade gelernt, die Temperaturunterschiede zwischen den verschiedenen Breitenzonen in Grenzen hält. Ohne die horizontalen Wärmetransporte durch die Winde betrüge die Temperaturdifferenz zwischen dem Nordpol und dem Äquator im Jahresmittel ca. 100 Grad Celsius; durch die Wärmetransporte wird sie auf etwa 50 Grad Celsius verringert. Das ist zwar auch nicht gerade wenig, aber gerade noch tolerierbar, sodass es in allen Breitenzonen auf der Erde Leben gibt.

Neben den Winden transportieren die Meeresströmungen ebenfalls Wärme aus den Tropen in Richtung der Pole. Man kann generell sagen, dass der Anteil der Meere den der Atmosphäre in den Tropen übersteigt, während in den mittleren und hohen Breiten die atmosphärischen Transporte gegenüber den ozeanischen dominieren. Die großräumigen Bewegungen in der Luft und im Meer haben demnach nur einen einzigen Sinn: Wärme aus den Tropen an die höheren Breiten zu liefern, damit wir selbst in Nordamerika oder Nordeuropa noch einigermaßen gemäßigte Verhältnisse vorfinden. Mars-Peter Erdmann von der Mars-Universität ist ein ums andere Mal davon derart fasziniert, dass er während der Vorlesung hin und wieder ins Schwärmen gerät und den Sachverhalt mit blumigen Worten umschreibt. Das Räuspern einiger Studenten holt ihn dann schnell wieder auf den Marsboden der Tatsachen zurück.

Wir hier unten auf der Erde wissen selbstverständlich auch eine ganze Menge von den Luft- und Meeresströmungen. Alexander von Humboldt beispielsweise, einer der Begründer der modernen Wetter- und Klimakunde, wusste schon ganz gut Bescheid. Das Gesamtsystem der Winde heißt in der Meteorologie *Allgemeine Zirkulation*. Dieser Ausdruck erinnert uns daran, dass die Vorgänge in der Atmosphäre extrem komplex sind. Die Allgemeine Zirkulation ist gewissermaßen das Minimalbild, das man sich von den Windsystemen machen kann, ohne ihre wesentlichen Merkmale zu übersehen. Spezielle regionale Windsysteme werden wir bewusst ausblenden. Wir wollen uns hier nur einen sehr einfachen Überblick von der Allgemeinen Zirkulation verschaffen. Gerade so viel wie notwendig ist, um ihren Zweck, den Transport von Wärme, zu verstehen. Vieles von dem werden Sie sicherlich schon einmal gehört haben. Aber Sie wissen ja: Doppelt genäht hält besser.

Lassen Sie uns jetzt etwas konkreter werden. Ich denke, ein paar Zahlen haben noch niemandem geschadet. Je nach geographischer Breite empfängt die Erde eine sehr unterschiedliche Menge an Sonnenstrahlung. An der Obergrenze der Atmosphäre beträgt sie im Jahresmittel am Äquator 420 Watt pro Quadratmeter, an den Polen 180 Watt. An der Oberfläche sind es noch 220 Watt pro Quadratmeter in den Tropen und 30 Watt am Nordpol bzw. 20 Watt pro Quadratmeter am Südpol.

Nebenbei bemerkt: Die Einheit Watt kennen Sie alle von den Glühbirnen; sie misst die Leistung, d.h. die Energie pro Zeiteinheit. Je stärker die Leistung, umso höher die Wattzahl. Eine 100-Watt-Glühbirne leuchtet daher stärker als eine mit nur 10 Watt. Die ungerechte Verteilung der Sonnenstrahlung bei uns auf der Erde schreit förmlich nach einem Ausgleich. Die Winde haben zum Glück den Schrei gehört.

Aufgrund der unterschiedlichen Einstrahlung werden die Luftmassen in den Tropen deutlich stärker erwärmt als an den Polen. In den äquatorialen Regionen steigt die erwärmte Luft auf, an den Polen sinkt kalte Luft ab.

Hier begegnet uns ein weiteres Mal das Phänomen der Konvektion, ein Motor der Allgemeinen Zirkulation, die ja auch die Bewegung der Erdplatten über sehr lange Zeiträume antreibt. Es bildet sich in der äquatorialen Zone an der Oberfläche eine Tiefdruck- und in der Höhe, im oberen Bereich der Troposphäre, eine Hochdruckzone, an den Polen an der Oberfläche ein Hoch- und in der Höhe ein Tiefdruckgebiet. Zwischen den hohen und den niedrigen Breiten existieren demnach ein Temperatur- und damit ein Luftdruckunterschied, der eine Reihe von Ausgleichsströmungen verursacht – die Winde.

Würde sich die Erde gar nicht oder, wie die Venus, nur sehr langsam drehen – ein Venustag entspricht ja 243 Erdtagen –, käme es vermutlich zu einer einzigen vertikalen Zirkulationszelle: Warme Luft stiege am Äquator empor und strömte in der Höhe zu den Polen, während die Luft dort absänke und in Richtung des Äquators strebte. Die relativ schnelle Rotation der Erde lenkt die Luftströmungen jedoch stark ab, auf der Nordhalbkugel nach rechts, auf der Südhalbkugel nach links. Die ablenkende Kraft der Erdrotation ist als die *Corioliskraft* bekannt und sorgt für eine Drei-Zellen-Struktur, die wir in der folgenden Abbildung schematisch sehen.

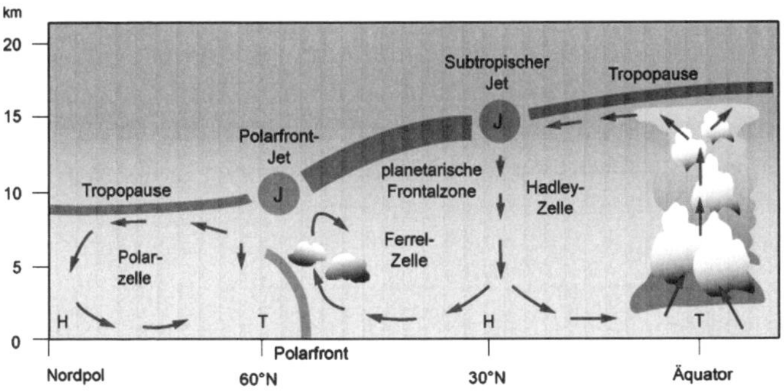

Rotierte die Erde schneller, wären es sogar noch mehr Zellen. Aber woher weiß man das alles eigentlich? Wir können schließlich nicht einfach die Drehung der Erde verlangsamen oder beschleunigen, als wären wir mit ihr in einem Labor. Nein, wir verwenden die so häufig gescholtenen Wettervorhersagemodelle. Die sind nämlich viel besser als ihr Ruf und erlauben es, den Einfluss verschiedener Größen auf die Allgemeine Zirkulation zu simulieren. Man rechnet die Modelle dafür nicht nur über einige Tage, sondern über viele Monate, um so das Klima und damit die Allgemeine Zirkulation zu bestimmen. Dabei macht man bestimmte Annahmen über verschiedene Randbedingungen wie etwa die Drehgeschwindigkeit der Erde. Klima ist schließlich nichts anderes als über längere Zeiträume gemitteltes Wetter.

Die Wettervorhersagemodelle kann man mit einem Flugsimulator vergleichen, an dem man verschiedene knifflige Situationen durchspielt, die hoffentlich niemals eintreten werden. Man kann mit den Modellen beispielsweise die Zirkulation auf einem *Aqua Planeten* untersuchen, der komplett mit Wasser bedeckt ist und kein Land kennt. Dann erkennt man, wie symmetrisch das Klima auf den beiden Halbkugeln sein kann, ohne dass das tägliche Wetter ähnlich symmetrisch wäre. Oder man lässt eben die Erde mal schneller und mal langsamer rotieren: Ein Knopfdruck bzw. die Änderung einer Zeile im Programmcode genügen. Wir schaffen uns gewissermaßen ein Abbild der Erde im Computer und experimentieren mit dieser Scheinwelt, so als ob man die Erde in einem Labor studieren würde. Was wir dazu benötigen, sind die physikalischen Gesetze, deren Umsetzung in mathematische Gleichungen und geeignete Lösungsverfahren. Und fertig ist das Modell!

Der Computer selbst ist dumm, den brauchen wir nur als Rechenknecht. Und der kann verdammt schnell rechnen, die Ergebnisse bekommen wir buchstäblich in Windeseile. Die heute schnellsten Supercomputer besitzen eine Spitzenleistung von über einem Petaflop, das sind mehr als eine Billiarde (eine Eins mit 15 Nullen, das sind eine Million Milliarden oder tausend Billionen) Rechenschritte in der Sekunde. Vielleicht fragen Sie sich, warum wir von Flops sprechen. Es geht hier schließlich nicht um Misserfolge, ganz im Gegenteil. Je mehr Flops, umso besser. Die Abkürzung Flops (floating point operations per second) ist eine Maßeinheit für die Geschwindigkeit von Computern und bezeichnet die Anzahl der Gleitkommazahl-Operationen wie Additionen oder Multiplikationen, die von ihnen pro Sekunde ausgeführt werden können. Ein Petaflop stellt zumindest für mich eine kaum vorstellbare Größenordnung dar. Sie entspricht ungefähr der Leistung von 50 000 modernen PCs.

Der Computer spuckt schließlich eine Unmenge von Zahlen aus. Diese mitteln wir über die Breitenkreise und stellen sie graphisch dar, um die Zellenstruktur der Allgemeinen Zirkulation zu bekommen; so wie wir es in dem obigen Bild getan haben. Soweit die Theorie, die Praxis ist natürlich wie immer um ein Vielfaches komplizierter. Trotzdem ist das Konzept der Zellenstruktur sehr hilfreich.

Rekapitulieren wir an dieser Stelle, bevor es noch etwas komplizierter wird. Die Zutaten für die Allgemeine Zirkulation sind: die unsoziale Sonne, die die Tropen bevorzugt; die Schwerkraft, die die Konvektion und damit das Aufsteigen warmer Luftmassen ermöglicht; und die Erdrotation, die die Winde ablenkt und daran hindert, direkt zum Pol zu wehen. Die Reibung sorgt dann noch für die vertikalen Unterschiede: Die Winde in der Nähe der Oberfläche wehen deutlich schwächer als in der Höhe.

George Hadley (1685–1768) formulierte bereits 1735 als erster eine Theorie über die *Passatwinde*, was ihm viel Ruhm und im selben Jahr noch die Mitgliedschaft in der englischen *Royal Society* einbrachte, der königlichen Gesellschaft, einer der weltweit renommiertesten Wissenschaftsakademien. Der geniale Physiker und Begründer der klassischen Mechanik Sir Isaac Newton – ich erhebe mich innerlich, wenn ich seinen Namen lese – war zu Lebzeiten Hadleys einer der Präsidenten der Royal Society. Isaac Newton verdanken wir u.a. die physikalischen Gesetze, auf denen die moderne Wetter- und Klimaforschung beruhen. Es war ihm nicht mehr vergönnt, die bahnbrechende Entdeckung Hadleys zu erleben; Isaac Newton starb einige Jahre vor der Veröffentlichung.

Hadley ging damals allerdings fälschlicherweise von einer einzigen hemisphärischen Zelle aus. Die nach Hadley benannte tropische Zirkulationszelle, die *Hadley-Zelle*, ist nicht nur die Ursache der Passatwinde, von denen die meisten von Ihnen bereits gehört haben und die die Seefahrer jahrhundertelang zu schätzen wussten. Die Segler unter Ihnen, liebe Leserinnen und Leser, wissen natürlich auch, was Sie an den Passaten haben: Sie sind es, die eine „bequeme" Überquerung des Atlantiks von Afrika nach Südamerika auch ohne Motor ermöglichen. Die Hadley-Zelle erklärt außerdem die polwärts gerichteten *Anti-Passate* in der Höhe und die Lage eines Starkwindbandes, das die Zelle begrenzt.

Durch die starke Erwärmung der äquatorialen Breiten entsteht die *Äquatoriale Tiefdruckrinne* oder *Innertropische Konvergenzzone*. Die folgende Abbildung verschafft uns ein grobes Bild von den oberflächennahen Luftdruck- und Windsystemen, die sich aus der Drei-Zellen-Struktur ergeben. Die Innertropische Konvergenzzone ist vom Weltraum aus als weltumspannendes Wolkenband sehr gut zu erkennen und daher den Marsmenschen nur zu geläufig. Die Innertropische Konvergenzzone besteht aus unzähligen und zum Teil sehr heftigen Gewittern, die in Höhen von bis zu 18 Kilometern reichen können.

Dort stoßen die Luftmassen an den oberen Rand der Troposphäre, die *Tropopause*. Sie ist die Grenze zur Stratosphäre, die zweite Etage der Atmosphäre. Die Tropopause liegt in den Tropen recht hoch, während ihre Höhe zu den Polen hin ab-

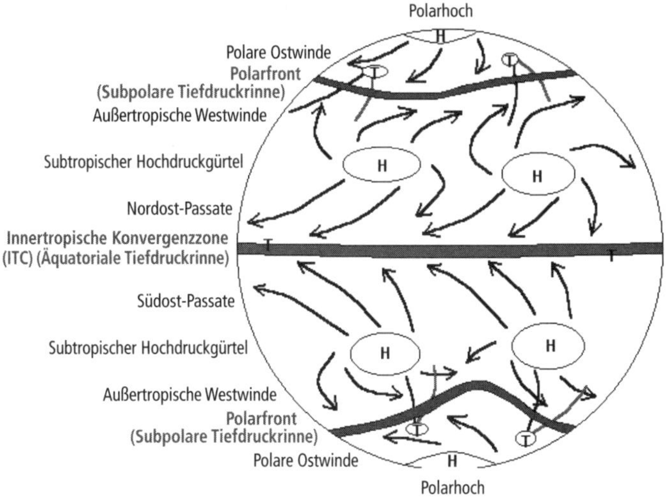

Atmosphärische Zirkulation – Bodennahe Luftdruckgebiete und Winde

nimmt und sie dort unterhalb von zehn Kilometern zu finden ist. Viele von Ihnen werden die zahllosen Blitze und die starken Turbulenzen registriert haben, wenn Sie auf Ihrem Weg von einer Halbkugel in die andere durch die Innertropische Konvergenzzone geflogen sind. Zwischen 30°N und 30°S bilden sich an der Oberfläche die Passatwinde aus. Auf der Nordhalbkugel weht der *Nordost-* und auf der Südhalbkugel der *Südostpassat*. Die Corioliskraft sorgt dabei für die Ablenkung nach Westen, wie Hadley bereits vor Jahrhunderten erkannte. Die beiden Passate treffen sich schließlich in der Innertropischen Konvergenzzone. Infolge ihres Rendezvous, ihrer *Konvergenz*, muss die Luft aufsteigen, wodurch sich die ursprüngliche Aufwärtsbewegung durch die Erwärmung verstärkt. Auf einem nur mit Wasser bedeckten Aqua Planeten würde sich die Innertropische Konvergenzzone direkt auf dem Äquator befinden. Die ungleiche Land-Meer-Verteilung zwischen der Nord- und Südhalbkugel führt allerdings dazu, dass die Innertropische Konvergenzzone meistens einige Breitengrade nördlich des Äquators liegt, da sich die Landregionen stärker erwärmen als das Meer und die Nordhalbkugel einen größeren Landanteil besitzt.

In der Höhe strömt die Luft auseinander – man spricht von einer *Divergenz* – und bewegt sich von der äquatorialen Zone weg. Die Höhenluft unterliegt auf ihrem Weg in Richtung der Subtropen selbstverständlich ebenfalls der Corioliskraft. Aus der Äquatornähe stammende Luftpakete haben wegen des größeren Abstandes zur Rotationsachse einen stärkeren *Drehimpuls* als die Luft der Subtropen. Luftpakete in der Nähe des Äquators haben eben einen langen Weg, wenn sie die Erde umkreisen, im Gegensatz zu den sich weiter nördlich und südlich befindlichen. Sie sind gewissermaßen schnell unterwegs; und wenn die Luftmassen als Anti-Passat polwärts streben, entsteht eine immer stärkere Windkomponente nach Osten, denn der Drehimpuls muss erhalten bleiben.

In gut zehn Kilometern Höhe entwickelt sich der *Subtropen-Jet*, ein Starkwindband bei etwa 30 Grad geographischer Breite. Dort sinkt die Luft schließlich infolge von Abkühlung und Verdichtung ab. Diese Gegend nennt man die *Rossbreiten*. Sie sind durch schwache Winde an der Oberfläche gekennzeichnet, die Segler im wahrsten Sinne des Wortes zur Verzweiflung bringen können. Der Überlieferung nach mussten Seefahrer häufig die mitgenommenen Pferde schlachten, um bei Windstille ohne die Möglichkeit, Land zu erreichen, überleben zu können. Von den Rossbreiten strömt die Luft an der Oberfläche als Passatwind zum Äquator zurück, wodurch sich die Hadley-Zelle schließt. Sie ist die am stärksten ausgeprägte der drei Zellen der Allgemeinen Zirkulation.

Der hohe Wasserdampfgehalt der sehr warmen äquatorialen Luftmassen begünstigt neben der Konvergenz ebenfalls eine starke Wolkenbildung mit heftigen und ergiebigen Niederschlägen. Die aufsteigende Luft kühlt sich ab, der Wasserdampf kondensiert, die latente Wärme wird frei, und die Wolken schießen förmlich in die Höhe. In den Rossbreiten der Subtropen dagegen erwärmt sich die ohnehin nur noch wenig feuchte Luft beim Absinken, was den hier herrschenden Wolkenmangel und die damit einhergehende Trockenheit erklärt. Die Lage der großen Wüsten in diesen Breiten ist diesem Umstand geschuldet, mit der Sahara als Paradebeispiel.

In den Rossbreiten können die Marsmenschen direkt und ohne die störenden „Gardinen“ auf die Erdoberfläche schauen und sich etwa an den Pyramiden Ägyptens ergötzen. Fels Marsstein, unser Technik-Freak vom Mars, hat eigens dafür sehr hoch auflösende Videokameras entwickelt. Am liebsten aber verfolgt er alle vier Jahre die Spiele der Fußball-Weltmeisterschaft, die von Egyptian Television ausgestrahlt werden. Ein Laster braucht man schließlich auch als Mars-Wissenschaftler. Mindestens eines.

Am Pol finden wir das *Polarhoch* als Teil der *Polarzelle*. Wie die Hadley-Zelle ist auch die Polarzelle eine *thermisch direkte* Zelle: Das Aufsteigen findet bei höheren Temperaturen statt als das Absinken. Die *Polarzelle* ist jedoch nicht sehr stark ausgeprägt und deutlich schwächer als die Hadley-Zelle der Tropen. Die mit der Polarzelle verbundenen Ostwinde in der Nähe der Oberfläche sind daher recht schwach. Der Wärmetransport erfolgt sowohl in der Hadley- wie auch in der Polarzelle recht geordnet. Disziplin gehört zu ihren vornehmsten Tugenden.

Ganz anders die zwischen ihnen liegende *Ferrel-Zelle* der mittleren Breiten, benannt nach dem amerikanischen Meteorologen William Ferrel (1817–1891). Er war ein Autodidakt und hat es damit sogar zum Schullehrer gebracht. Ferrel untersuchte den Einfluss der Erdrotation auf die Bewegungen in der Luft und im Meer. 1856 stellte er seine Ergebnisse in einem medizinischen Fachblatt vor, dem „Nashville journal of medicine and surgery“. Ziemlich originell, oder?

Die Ferrel-Zelle stellt das Verbindungsstück zwischen

der tropischen Hadley-Zelle und der Polarzelle dar, und sie schlägt gewissermaßen aus der Art. In ihr geht es buchstäblich turbulent zu, wir finden in ihr nämlich die uns stets ärgernden Tiefdruckgebiete und Regenfronten. Die Ferrel-Zelle liegt zwischen dem Subtropen-Jet und dem *Polarfront-Jet*. Letzterer ist ein zweites Starkwindband in der oberen Atmosphäre und liegt ebenfalls in etwa zehn Kilometern Höhe, allerdings bei 60 Grad geographischer Breite.

Übrigens, Sie alle kennen diesen starken Westwind in den Höhen, in denen auch die Flugzeuge den Atlantik überqueren. Wenn Sie von Europa nach Amerika fliegen, dauert der Flug deutlich länger, als wenn Sie aus Amerika zurückkommen. Dort oben herrschen Windgeschwindigkeiten von teilweise mehreren hundert Kilometern pro Stunde. Kein Wunder, dass sich dadurch die Reise selbst mit einem schweren Jumbo-Jet um eine Stunde oder mehr verkürzt, wenn Sie mit dem entsprechenden Rückenwind nach Hause fliegen. Das Starkwindband ist so beständig, dass die Fluggesellschaften es sogar in ihren Flugplänen berücksichtigen.

Im Gegensatz zur Passatwindzone, wo die Winde am Boden und in der Höhe entgegengesetzt wehen, strömen zwischen 30 und 60 Grad geographischer Breite die Winde in die gleiche Richtung und zwar von Westen nach Osten. Am Boden wehen die außertropischen Westwinde und in der Höhe die Jetstreams. Hier treffen die kalten polaren auf die warmen tropischen Luftmassen, man spricht von der *Planetarischen Frontalzone*. Der Polarfront-Jet verdankt seine Existenz genau diesem starken Temperaturgefälle. Das daraus resultierende Druckgefälle und die Erddrehung sorgen dafür, dass sich der starke Westwind in der Höhe entwickelt. Im Winter weht der Polarfront-Jet heftiger, da der Nordpol stärker auskühlt, während die Tropen relativ warm bleiben und damit das Temperaturgefälle besonders stark ist. Aber es sind nicht nur die Druckgefälle und die Corioliskraft bzw. die Jahreszeit, die die Stärke des Polarfront-Jets bestimmen. Die Tiefs haben auch noch ihre Hand im Spiel, indem sie *Impuls* von den Subtropen nach Norden bringen.

Ja, Sie haben recht! Ich sollte nicht so viele Fachbegriffe verwenden. Was zum Teufel ist denn der Impuls? Sie alle müssen tagtäglich mit ihm umgehen und wissen es gar nicht. Der Begriff stammt aus der Mechanik. Als Kinder haben wir uns in Hamburg einen Spaß daraus gemacht, aus der U-Bahn auf den Bahnsteig zu springen, obwohl sie noch nicht ganz zum Stehen gekommen war. Damals war es noch möglich, während der Fahrt die Türen zu öffnen. Als wir auf dem Bahnsteig landeten, mussten wir unwillkürlich in Fahrtrichtung weiterlaufen. Denn wir trugen noch den Impuls des fahrenden Zuges in uns, wir haben also in gewisser Weise seine Geschwindigkeit mitgenommen. Vielleicht kennen Sie auch die beliebten Stahlkugeln, die nebeneinander an Fäden an einem kleinen Balken hängen. Lenkt man eine der beiden äußeren Kugeln aus und trifft sie beim Zurückschwingen auf ihre Nachbarkugel, überträgt sich der Impuls von einer Kugel auf die nächste. Die andere der beiden äußeren Kugeln führt schließlich die gleiche Schwingung aus, wie die, die wir ursprünglich ausgelenkt haben.

Die Tiefs befördern den Impuls aus den Subtropen in die mittleren Breiten und füttern sozusagen den Polarfront-Jet. Wir haben es daher letzten Endes auch den zahllosen Tiefs zu verdanken, dass wir von Amerika so schnell nach Hause fliegen dürfen. Zu Hause ist es doch am schönsten, da werden Sie mir sicherlich zustimmen, weswegen wir Europäer die Zeitersparnis gerne annehmen.

Die Ferrel-Zelle ist ein geschlossenes vertikales Zirkulationssystem mit aufsteigender Luft in der Region der subpolaren Tiefdruckrinne und absteigender Luft im Bereich der Subtropen. In der Nähe der Oberfläche und in der Höhe wird die Zirkulation durch entsprechende Ausgleichströmungen geschlossen. Da das Aufsteigen der Luft in der Ferrel-Zelle auf der kalten Seite, in den subpolaren Breiten, und das Absinken in den warmen Subtropen erfolgt, spricht man von einer *thermisch indirekten Zirkulation*.

Die Ferrel-Zelle ist jedoch nur im zeitlichen und im Breitenkreismittel als geschlossene Zelle überhaupt zu erkennen. Es addieren sich in ihr die Luftmassentransporte der zahllosen kurzlebigen Störungen der mittleren Breiten gerade zu dieser mittleren Zirkulation auf. Der Polarfront-Jet ist eine Art Autobahn; auf ihm fahren die Tiefs, die *Zyklonen*, mit Höchstgeschwindigkeit, um so schnell wie möglich zu uns zu kommen. Deshalb werden diese hin und wieder in Lehrbüchern mit den Attributen wandernd oder dynamisch belegt. Allerdings bilden sich die Zyklonen ständig neu und lösen sich schnell wieder auf. Die Lebensdauer einer Zyklone von der Geburt bis zum Tod beträgt typischerweise etwa fünf Tage. Die Zyklonen entwickeln sich hauptsächlich über dem westlichen Nordatlantik, dort, wo die Temperaturunterschiede besonders groß sind und sich eine kleine Anfangsstörung rasch zu einem ausgewachsenen Tief entwickeln kann. Gebiete, in denen die Zyklonen „sterben", gewissermaßen die „Zyklonenfriedhöfe", liegen zwischen dem Osten Polens und Russland. Falls Ihnen zufällig eine Höhenwetterkarte in die Hände fallen sollte, können Sie selbst abschätzen, wie sich das Wetter entwickeln wird. Verläuft der Jetstream über Ihrem Wohnort, würde ich an Ihrer Stelle keine Grillparty planen, weil Sie mit Sicherheit von den Tiefs heimgesucht werden, denn diese bewegen sich wie auf Schienen längs der Bahn des Jets.

Die Planetarische Frontalzone ist der „Berührungspunkt" zwischen der warmen Tropenluft und der kalten Polarluft. In ihr findet der Austausch zwischen den warmen und kalten Luftmassen statt. Warme Luft verwirbelt sich mit kalter. Dies spiegelt sich in dem unruhigen Wettergeschehen in unseren Breiten wieder. In einer Zyklone strömt warme Luft auf der Vorderseite nach Norden. Den vorderen Rand der Warmluft nennt man *Warmfront*. Die kalte Luft strömt auf der Rückseite des Tiefs nach Süden, wobei der vordere Rand der Kaltluft als *Kaltfront* bekannt ist. Die Zyklonen sorgen demnach für den Energieausgleich in der Planetarischen Frontalzone. In der Höhe beginnt der Polarfront-Jet zu tanzen; er bildet Schlingen, die *Mäander*. Es entsteht eine Art Wellenband, das sich um die Erde spannt und langsam von Westen nach Osten wandert. In den Schlingen strömt einerseits vom Pol kommende Kaltluft und anderseits vom Äquator kommende Warmluft ein. Dabei vermischen sich die warme und die kalte Luft, und der Temperaturgegensatz verringert sich.

Die Mittleren Breiten sind demnach durch ihr wechselhaftes Wetter geprägt. Das hätte ich Ihnen gar nicht erzählen müssen, das wissen Sie ohnehin. Ein Tief jagt das andere, weil der Jetstream oft genau über uns liegt. Manchmal sind wir darüber betrübt, die wir in den mittleren Breiten leben; die Tiefs bringen schließlich Regen und windiges Wetter mit sich. Manchmal sogar Sturm. Dank der Marsmenschen wissen wir heute, dass kein Grund zum Gram besteht. Nein, wir sollten ganz im Gegenteil den Tiefs huldigen. Wir sollten ihnen zu Ehren einen Feiertag einführen. Wie wäre es mit „Frohentiefdruck"? Das hätte nebenbei den Vorteil, dass wir einen Tag mehr frei hätten. Die Tiefs erfüllen, wie wir gesehen haben, sehr wichtige Aufgaben. Oder möchten Sie auf

die Tiefs verzichten und dafür in einer Wüste leben? Ich nicht, denn ich liebe das Grün der Pflanzen und die prächtigen Farben der zahlreichen Blumen. Darüber hinaus wäre der Temperaturunterschied zwischen den Tropen und den Polarregionen überaus stark. Was würden die Eskimos dazu sagen, wenn die arktischen Temperaturen um 20 Grad niedriger lägen. „Frohentiefdruck" sollte überall auf der Welt gefeiert werden.

Fassen wir zusammen: Die Tiefs bringen nicht nur den lebensnotwendigen Regen, und sie füttern nicht nur den Polarfront-Jet, damit er seinen Status als Starkwind nicht verliert. Nein, sie sorgen daneben für einen stetigen Transport von Wärme aus den niedrigen in die hohen Breiten. Sie schaufeln auf ihrer Vorderseite warme tropische Luft in Richtung der Pole und auf ihrer Rückseite kalte Luft in Richtung der Tropen. Und weil sie unsymmetrisch sind und nicht kreisrund, sind sie dazu auch in der Lage. Die Tiefs sind im übertragenen Sinne die Arbeiter, die im Maschinenraum der Wärmekraftmaschine Klima arbeiten.

„Und schon wieder so eine Überraschung", denkt Mars-Peter Erdmann immer dann, wenn er gerade wieder die entsprechende Vorlesung aus dem Einführungszyklus vorbereitet. In Wirklichkeit, das weiß auch er, sind die Verhältnisse viel komplizierter als hier beschrieben. Aber wir wollten uns nur die wesentlichen Aspekte der Allgemeinen Zirkulation ansehen, die uns einen Eindruck davon vermitteln, warum es nicht nur am Rhein, sondern auf der Erde insgesamt so schön ist. Ich sagte Ihnen bereits am Anfang dieses Buches, dass ich Ihnen nur eine subjektive Auswahl der Ergebnisse der Studien der Marswissenschaftler geben kann. Phänomene wie beispielsweise den für Indien so wichtigen Monsun müssen Sie leider im Internet nachschlagen, wo man das komplette Werk der Mars- und natürlich auch der Venuswissenschaftler findet. Oder haben Sie etwa noch nicht Google-

Mars auf ihrem PC oder Laptop installiert? Nur Mut. Es kostet auch nichts.

Wir haben gelernt, dass die Sonne unsozial ist. Die Tropen weisen einen Energieüberschuss auf, während die Polarregionen unter einem Defizit leiden. Dadurch würden sich ohne Gegenmaßnahmen die Tropen sehr stark erwärmen und die Pole extrem abkühlen. Diese von der Sonne hervorgerufene, ungerechte Situation kann so nicht bestehen bleiben. In den Tropen und in den Polarregionen gibt es geregelte Zirkulationssysteme, die den Ausgleich bewerkstelligen. In den Mittleren Breiten sind es die turbulenten Vorgänge, welche den Transport von Wärme übernehmen. Im Klartext: Die Tiefs helfen uns auf der Erde, damit die Temperaturunterschiede nicht zu groß werden. Sie stehen jedoch auf verlorenem Posten, weil die Sonne ungerecht bleiben wird und die Tropen immerzu bevorzugt. Dies bedeutet lebenslängliches Schuften für die Tiefs.

Die Marsmenschen kommen aus dem Staunen gar nicht mehr heraus. „Passt denn auf der Erde alles zusammen?", fragen sie sich. „Selbst das Chaos hilft mit, den Planeten lebenswert zu erhalten. Die Erdenmenschen sind tatsächlich wahre Glückspilze." Diese Sätze sind schon so oft in Diskussionsrunden an der Mars-Universität gefallen, in denen die Wissenschaftler regelmäßig über die Möglichkeit nachdenken, wie man auf dem Mars ein besseres Klima schaffen könnte. Derartige Runden finden gelegentlich schon einmal am Abend statt, denn Wissenschaftler sind Besessene, die eigentlich gar keinen Feierabend kennen. Da sitzen sie dann, Marslene vom Anderen Stern, Mars-Peter Erdmann, Mars Altland und Fels Marsstein. Und ab und zu kommen auch die Kollegen von der Venus mit ihrem Raumgleiter kurz vorbei. So wie Venus Karbon. Sie denkt noch gar nicht darüber nach, wie man auf der Venus ein besseres Klima schaffen könnte. Diese Aufgabe scheint im Vergleich zu der auf dem Mars praktisch unlösbar, und die ist schon schwierig genug.

Gleichwohl wundern sie sich über bestimmte Phänomene bei uns auf der Erde. Die Tiefs sind wichtig, wenn ein Planet rotiert. Keine Frage. Denn sie übernehmen in unseren Breiten den wichtigen Wärmetransport von den Tropen zu den Polen. Aber wieso geraten sie in Form von Orkanen hin und wieder völlig außer Rand und Band? Gar nicht zu reden von den Tropen. „Was für eine Aufgabe erfüllen denn die *tropischen Wirbelstürme*? Monsterstürme wie die Hurrikane in der Karibik, die viel Leid über die Erdenmenschen bringen“, fragt Marslene vom Anderen Stern zum wiederholten Mal in einer Diskussionsrunde. „Was für einen Sinn sollte der Hurrikan Katrina gehabt haben, der im August 2005 die US-Metropole New Orleans zerstörte“, sinniert sie weiter.

„Handelt es sich um etwas Göttliches?“, fragt sie in die Runde, und das nicht zu Unrecht. Das Wort „Hurrikan“ stammt wahrscheinlich vom Wort „Huracan“ aus den Maya-Sprachen und bedeutet so viel wie „Gott des Windes“, eine durchaus passende Bezeichnung, wie ich meine. Die anderen Diskutanten blicken sich dann meistens gegenseitig fragend an. Und die Studenten schauen vorsichtshalber nach unten, bevor sie direkt von der „Chefin“ angesprochen werden, obwohl Marslene vom Anderen Stern sehr sanftmütig ist. Es herrscht Schweigen im Seminarraum. Man könnte eine Stecknadel fallen hören. Mars-Peter Erdmann erinnert sich noch ziemlich gut an eine ganz spezielle, denkwürdige Veranstaltung dieser Art. Denn er war es, der damals als Erster das Schweigen brach. „Ich könnte mir gut vorstellen, dass wir unsere Denkweise etwas ändern müssen. Das Wetter auf der Erde funktioniert im zeitlichen Mittel genial, aber eben nur über längere Zeiträume. Wir dürfen nicht den Fehler begehen, in jedem Detail einen Sinn zu sehen. Nur das große Ganze ergibt einen Sinn. Und wir müssen bei unseren Überlegungen berücksichtigen, dass das Wetter ein komplexes Geflecht aus vielen verschiedenen Elementen darstellt. Da kann es hin und wieder eben zu Übertreibungen kommen. Und ein

Hurrikan ist so eine Übertreibung. Er transportiert zwar auch Wärme zunächst von der Oberfläche in die Höhe und dann in Richtung der Pole; das hätte man aber auch sein lassen können, denn der Wärmetransport durch die tropischen Wirbelstürme ist ziemlich klein und klimatologisch nicht relevant."

Das leuchtete der Runde sofort ein. Und von nun an studierten die Marsmenschen zwar auch weiterhin die einzelnen Wetterphänomene, gaben aber die Hoffnung auf, in jedem Ereignis auf der Erde einen tieferen Sinn sehen zu können. Falls die Marsmenschen tatsächlich jemals ein lebensfreundliches Klima auf ihrem Planeten erschaffen sollten, dann werden sie immer an folgenden Spruch denken müssen, mit dem Mars-Peter Erdmann seinen damaligen Diskussionsbeitrag beendete: „No planet is perfect."

Für die Marsmenschen sind die tropischen Wirbelstürme trotz alledem willkommene Studienobjekte, um bestimmte Vorgänge auf der Erde etwas genauer unter die Lupe zu nehmen. An ihnen kann man beispielsweise *positive Rückkopplungen* studieren, die verstärkenden Effekte, die aus einer kleinen Ursache eine große Wirkung machen. Sie kennen sicherlich das Sprichwort „aus einer Mücke einen Elefanten machen". Für die Hurrikane trifft es in gewisser Weise zu, denn sie entwickeln sich aus vergleichsweise kleinen Störungen. Vor allem möchten die Marsmenschen aber herausfinden, was geschehen könnte, wenn sie bei dem Versuch, ihr Klima zu verbessern, einen Fehler machen. Wenn es bei ihnen auf dem Mars irrtümlicherweise etwas wärmer als auf der Erde wäre, sagen wir um ein paar Grad. Wie würden sich die tropischen Wirbelstürme ändern, wenn überhaupt? Auf der Erde ist schließlich die Temperatur während des letzten Jahrhunderts bereits um ein knappes Grad angestiegen. Kann man dort einen wie auch immer gearteten Trend erkennen?

Bleiben wir also bei diesem Thema, denn es lohnt sich wirklich. Im Pazifik heißen die tropischen Wirbelstürme übrigens Taifune, im Australischen Raum und im Indischen Ozean Zyklone. Wir werden uns im Folgenden jedoch auf die Hurrikane im Atlantik beschränken. Im Prinzip gelten aber die Erkenntnisse über die Hurrikane für die tropischen Wirbelstürme in allen Regionen.

Nebenbei bemerkt, das erste Buch, das ich als Kind in der öffentlichen Bücherhalle ausgeliehen habe, war der Abenteuerroman „Drei im Hurrikan" von Hanns Radau, dessen Handlung sich entsprechend dem Titel um einen Hurrikan rankt und um drei Jugendliche, die eine Farm im US-Bundesstaat Louisiana retten müssen. Ich hätte mir damals nie träumen lassen, dass ich mich später einmal von Berufswegen mit den Hurrikanen befassen würde. Als ich gerade diese Zeilen schrieb und etwas im Internet nachsehen wollte, stieß ich auf folgende Pressemeldung vom 23. August 2009: „Hurrikan Bill hat auf seinem Weg zur Ostküste der USA an Stärke verloren und ist zu einem Wirbelsturm der Kategorie 1 zurückgestuft worden … Die Meteorologen warnten jedoch weiterhin vor hohen Wellen und gefährlichen Strömungen … im Osten der USA und Kanadas … Der Sturm bewegt sich auch weiter in Richtung der Insel Martha's Vineyard an der Ostküste der USA, auf der US-Präsident Barack Obama und seine Familie am Sonntag zu einem einwöchigen Urlaub eintreffen sollten."

Soweit die Pressemeldung in Auszügen. Sie sehen, der Name „tropischer Wirbelsturm" bezieht sich lediglich auf seinen Entstehungsort, nicht notwendigerweise auf seinen „Zielort". Ein Hurrikan kann offensichtlich bis weit in die mittleren Breiten nach Norden ziehen. Und selbst US-Präsidenten sind vor Hurrikanen nicht sicher, auch wenn ihr Urlaubsort im Nordatlantik liegt. Der besagte Hurrikan trägt zudem ausgerechnet den Vornamen von Obamas Vorvorgänger Clinton, was einer gewissen Ironie nicht entbehrt.

Apropos Namen: Beginnend mit den *Tropenstürmen*, den Vorstufen der Hurrikane, vergibt das Nationale Hurrikanzentrum in Miami Namen, unabhängig davon, ob sich aus ihnen ein Hurrikan entwickelt oder nicht. Ihre Anfangsbuchstaben folgen strikt dem Alphabet. Der Name des ersten Tropensturms einer Saison beginnt mit dem Buchstaben „A", der zweite mit „B" und so weiter. Das Jahr 2005 war mit einer Anzahl von 28 das Jahr mit den meisten Tropenstürmen, seit es regelmäßige Aufzeichnungen gibt, d.h. seit 1850. Das Alphabet reichte nicht mehr aus – es waren mehr als 21 Stürme – sodass man zusätzlich auf das griechische Alphabet zurückgreifen musste. Entsprechend trug der 22. Tropensturm den Namen Alpha, der 23. hieß Beta und so fort. Die Namen stehen heute bereits bis zum Jahr 2015 fest. Weibliche und männliche Namen wechseln sich ab. Nach Ablauf von sechs Jahren beginnt die Namensliste wieder von vorn. Hat ein Sturm enorme Schäden angerichtet und/oder viele Todesopfer gefordert, verschwindet sein Name unwiderruflich aus der Liste: Beispiele sind Hugo 1989, Andrew 1992, Mitch 1998, Keith 2000, Katrina, Rita und Wilma 2005 oder Ike im Jahre 2008.

Der Hurrikan besitzt eine typische horizontale Erstreckung von einigen hundert Kilometern, kann aber auch über 1000 Kilometer messen. Das Charakteristische an ihm ist das relativ kleine Auge mit einem Durchmesser von ca. fünfzig Kilometern in seinem Zentrum, das einem Hurrikan das gewisse Etwas verleiht. Faszinierend wirkt der Hurrikan, wenn man ihn vom All aus betrachtet. Seine Wolkenspirale gibt ihm etwas Dynamisches. Das Auge verleiht ihm etwas Mystisches, als ob der Hurrikan tatsächlich sehen könnte. Umgekehrt wird ein Schuh daraus. Das Auge ist geradezu eine

Einladung für die Marsmenschen, bis hinunter auf die Erdoberfläche zu blicken, denn es ist frei von Wolken und damit ein „gefundenes Fressen“ für Fels Marsstein und seine hochempfindlichen Messinstrumente. Das Auge kann für uns Menschen hingegen gefährlich werden. In ihm gibt es normalerweise keine Niederschläge und es ist praktisch windstill. Es herrscht die sprichwörtliche „Ruhe vor dem Sturm“.

Doch auch wenn es in der Mitte des Hurrikans weitgehend windstill ist, können einzelne Böen weit in das Auge hineingelangen. Wenn wir uns im Auge befinden und denken, dass der Sturm vorüber ist, und uns in scheinbarer Sicherheit wiegen, werden wir jäh aus unseren Träumen gerissen: Der Hurrikan tobt nach dem Durchzug des Auges mit gleicher Zerstörungskraft wie eine Stunde vorher. Denn um das Auge herum befindet sich die *Eyewall*, in welcher im Allgemeinen die höchsten Windgeschwindigkeiten auftreten. An den Rändern des Auges sinkt die kühlere und damit schwerere Luft zu Boden. Hier zirkuliert sie am schnellsten, wie eine Eiskunstläuferin sich schneller dreht, wenn sie ihre ausgestreckten Arme an den Körper zieht.

Man unterscheidet zwei Vorstufen des Hurrikans: das *tropische Tief* und den Tropensturm. Letzterer hat es mit Windstärken bis knapp 120 Kilometer pro Stunde bereits in sich. Unsere Sturmtiefs in den mittleren Breiten, die Orkane, erreichen nur selten höhere Windgeschwindigkeiten. Deswegen haben die meisten Europäer keine Vorstellung von der Zerstörungskraft eines Hurrikans. Ich allerdings auch nicht, denn ich bin glücklicherweise Theoretiker und noch nie auch nur annähernd in die Nähe eines Hurrikans gekommen. Die Entwicklung mathematischer Modelle und das Ansehen der Resultate am Bildschirm sind da doch etwas angenehmer. Die eigentlichen Hurrikane fangen demnach da an, wo unsere Sturmtiefs normalerweise aufhören. Ein Hurrikan der Kategorie 1 hat nach der *Saffir-Simpson-Hurrikan-Skala* eine Stärke von mindestens 119 Kilometer pro Stunde. Der heftigste Hurrikan ist der mit der Kategorie 5 und einer Windgeschwindigkeit von mehr als 250 Kilometer pro Stunde. Und noch eine Information, die Laien meistens nicht geläufig ist und daher zu Missverständnissen führen kann: Der Hurrikan selbst bewegt sich als Ganzes im Zeitlupentempo, typischerweise mit etwa zehn bis dreißig Kilometer pro Stunde. Nur in seinem Inneren toben die „göttlichen Winde". Hurrikane können bis zu zwei Wochen „leben", eine Strecke von bis zu 10 000 Kilometern zurücklegen und Flächen von tausenden von Quadratkilometern verwüsten.

Die Saffir-Simpson-Hurrikan-Skala

Stufe / Kategorie	**Windgeschwindigkeit**			**Flutwelle in Meter**	**Kerndruck in hPa**
	Knoten	**mph**	**km/h**		
Tropisches Tief	< 34	< 39	< 63	≈ 0	
Tropensturm	34–64	39–73	63–118	0,1–1,1	
Hurrikan Kategorie 1	64–83	74–95	119–153	1,2–1,6	über 980
Hurrikan Kategorie 2	83–96	96–110	154–177	1,7–2,5	965–979
Hurrikan Kategorie 3	96–113	111–130	178–209	2,6–3,8	945–964
Hurrikan Kategorie 4	113–135	131–155	210–249	3,9–5,5	920–944
Hurrikan Kategorie 5	über 135	über 155	über 250	über 5,5	unter 920

Der stärkste bisher gemessene Hurrikan war Wilma, der am 19. Oktober 2005 eine sagenhafte Geschwindigkeit von 282 Kilometer pro Stunde und einen Kerndruck von 882 Hektopascal (früher Millibar) erreichte, der niedrigste jemals auf dem Atlantik gemessene Luftdruck. Der Hurrikan Katrina war ursprünglich, als er noch weit draußen auf dem Golf von Mexiko tobte, ein Hurrikan der Kategorie 5. Er „flaute" jedoch auf um die 200 Kilometer pro Stunde ab und besaß damit „nur noch" die Kategorie 3, bevor er New Orleans traf und unter Wasser setzte. Man mag sich gar nicht vorstellen, was passiert wäre, wenn er mit voller Wucht zugeschlagen hätte.

Das Jahr 2005 hat viele Rekorde gebrochen. Mit dem Hurrikan Vince bildete sich am 9. Oktober 2005 erstmals seit dem „Spanien-Hurrikan" von 1842 ein tropischer Wirbelsturm im östlichen Atlantik vor den Küsten Südwesteuropas und Nordafrikas. Vince bildete sich zwischen den Azoren und den Kanaren, schwächte sich aber noch vor Erreichen des Festlandes auf ein Sturmtief ab. Zusammen mit Delta hatten damals sogar zwei ehemalige tropische Wirbelstürme direkten Kurs auf die Küsten Europas genommen.

Deutlich mehr Hurrikane nehmen allerdings einen langen Umweg in Kauf, um uns in Europa zu besuchen. Sie ziehen längs der amerikanischen Ostküste nach Norden, schwächen sich dabei ab, verwandeln sich vor Neufundland, im Bereich der Polarfront, wo sonst die „normalen" Tiefs entstehen, in ein Tiefdruckgebiet und nehmen dann erst Kurs auf Europa. Eigentlich sind sie dann als Hurrikane nicht mehr zu erkennen, selbst wenn es sich um ein Sturmtief oder gar einen Orkan handelt. Meine lieben Kolleginnen und Kollegen vom Fernsehen werden Sie aber bestimmt bei entsprechender Gelegenheit während der täglichen Wettervorhersage auf die ehemaligen tropischen Wirbelstürme aufmerksam machen.

Auch über das Mittelmeer fegen hin und wieder Wirbelstürme, die allerdings keine Hurrikane sind. Diese *Medikane* sind deutlich kleiner und besitzen nicht die enorme Zerstörungskraft ihrer großen Brüder und Schwestern draußen auf dem Atlantik; sie bergen trotzdem ein ziemlich großes Risiko für die Schifffahrt und die Küsten. Auch sie „ziert" wie die Hurrikane ein Auge, und man kann sie daher leicht mit ihnen verwechseln. Was für „Kreaturen" die Medikane tatsächlich sind, wissen wir nicht. Sie treten relativ selten auf, weniger als einmal pro Jahr, sodass wir noch keine aussagekräftige Statistik haben aufbauen können. Hier könnte eine Jungwissenschaftlerin oder ein Jungwissenschaftler, auf dem Mars oder bei uns auf der Erde, noch Pionierarbeit leisten.

Wegen seines Schneckentempos ist der Weg eines Hurrikans einigermaßen gut mit Computermodellen nachzustellen und vorherzusagen. Die Behörden sind damit in der Lage, einige Tage im Voraus Warnungen herauszugeben und, wenn es die Situation erfordert, sogar Evakuierungen anzuordnen. Hilfreich sind dabei die Flugzeugmessungen, die seit über einem halben Jahrhundert regelmäßig stattfinden. Die wagemutigen Piloten fliegen tatsächlich in die Hurrikane hinein, um wertvolle Informationen über ihre vertikale Struktur zu bekommen und auch über die Winde in der Nähe der Oberfläche, über die sie wegen der starken Gischt quasi im Blindflug hinwegdonnern. Die entsprechenden Flugzeuge sind randvoll mit Technik, um möglichst viele Daten zu erheben und selbstverständlich auch die Sicherheit der Besatzung zu garantieren. Die Messgeräte sind zugegebenermaßen hoch interessant, und meine Wissenschaftlerseele würde es schon reizen, die Messungen live zu verfolgen. Ich glaube, ich möchte trotzdem nicht unbedingt mit auf eine dieser Reisen gehen. Achterbahn fahren mag ich übrigens auch nicht.

Trotz aller Anstrengungen und der Erfolge bei der Berechnung der Zugbahn ist es jedoch immer noch problematisch, die Stärke eines Hurrikans genau vorherzusagen. Sie kann sich innerhalb nur eines Tages um zwei oder drei Kategorien ändern, sodass ihre sichere Prognose auch in den nächsten Jahren wohl nur einige Stunden und nicht Tage im Voraus möglich sein wird. Lässt man jedoch die letzten Jahrzehnte Revue passieren, erkennt man eine kontinuierliche Verbesserung der Vorhersagequalität, die wir auch in den kommenden Jahren erwarten dürfen.

Hurrikane entstehen auf der Nordhalbkugel in der Zeit von Mai bis Dezember, die meisten zwischen Juli und September. Die offizielle Saison dauert vom 1. Juni bis zum 30. November. In dieser Zeit würde ich Ihnen nicht unbedingt raten, Ihren Urlaub in der Karibik zu planen. Als ich vor Jahren das Nationale Hurrikanzentrum in Miami besucht habe, tat ich es dementsprechend im Januar. Das Wasser hatte immer noch eine Temperatur von etwa 25 Grad Celsius und lud zum Baden im türkisfarbenen Meer ein. Dieser Einladung habe ich trotz meiner vielen Termine nicht widerstehen können.

Die meisten Hurrikane, etwa zwei Drittel, entstehen vor der Küste Afrikas. Hurrikane benötigen eine „kleine" Anfangsstörung; aus dem Nichts erwachsen sie nicht. Eine solche Störung besteht im Allgemeinen aus einem „Gewittercluster", einer Ansammlung von sehr heftigen Gewittern auf relativ kleinem Raum. Schiffe meiden diese Cluster aus gutem Grund, denn es kann in ihnen ziemlich ungemütlich werden. Vor der Küste Afrikas sind derartige Störungen recht häufig, weil dort die *Easterly Waves* ihr Unwesen treiben, Wellenstörungen, die sich aus der Instabilität der Höhenwinde speisen. Wenn sich Winde sehr stark in der Horizontalen oder Vertikalen ändern, d. h. starke *Scherwinde* vorkommen, wie es dort der Fall ist, verwirbeln sie, und es können die Anfangsstörungen entstehen, aus denen sich einige Tage später ein Hurrikan entwickeln kann.

Hurrikane ziehen wie auf Schienen meistens im Uhrzeigersinn um das Azorenhoch. Daraus erklärt sich die typische Zugbahn nach Westen quer über den Atlantik und dann nach Norden. Die einzelnen Zugbahnen unterscheiden sich jedoch sehr voneinander, und nur die wenigsten erreichen die Karibischen Inseln oder die Küsten Mexikos bzw. der USA. Viele Hurrikane sehen nie Land und verpuffen über dem Atlantik – und so soll es auch sein.

Neben den Starkwinden bergen Hurrikane zwei zusätzliche Gefahren, man könnte von einer Art „Triathlon" sprechen, den sie betreiben. Meterhohe Flutwellen treffen auf die Küste, die bis weit ins Hinterland Verwüstungen anrichten können. Die von einem Hurrikan ausgelösten Flutwellen können ähnlich verheerende Folgen wie die *Tsunamis* nach Seebeben haben. Da sich auf der Nordhalbkugel ein Hurrikan gegen den Uhrzeigersinn dreht, ist die Flut besonders in jenen Quadranten ausgeprägt, die sich rechts von seiner Laufrichtung befinden, denn dort zeigen die Zugrichtung und die umlaufenden Winde in die gleiche Richtung. Beim *Landfall*, dem Erreichen des Festlandes, ist in diesen Quadranten mit den schwersten Überflutungen zu rechnen. Bisweilen kann die Flutwelle an Land bis auf zehn Meter über NN (Normalnull – also die Höhe des Meeresspiegels) auflaufen. Und schließlich – um den Triathlon zu komplettieren – fallen gigantische Regenmengen vom Himmel, eine in Europa weitgehend unbekannte Gefahr, verbindet man doch hierzulande Hurrikane meistens nur mit Starkwinden oder den Flutwellen. Einige Hurrikane bringen während eines Tages so viel Regen wie bei uns im ganzen Jahr fällt, bis zu 1000 Millimeter. Selbst die Tropenstürme haben es in dieser Hinsicht in sich. Auch sie haben lang anhaltende und sehr starke Regenfälle im Gepäck, sodass Tropenstürme – trotz ihrer im Vergleich zu den Hurrikanen relativ „geringen" Windgeschwindigkeiten – ein enormes Zerstörungspotential besitzen. Die Regenfälle lösen immer wieder Erdrutsche und Schlammlawinen aus, die ganze Ortschaften unter sich begraben.

Viele Mars- und Erdenmenschen glauben, dass ein Hurrikan entsteht, wenn das Meer eine besonders hohe Temperatur aufweist. Das stimmt. Es handelt sich dabei jedoch bestenfalls nur um die halbe Wahrheit. Die Meerestemperatur ist eines von mehreren Kriterien für die Entstehung eines Hurrikans. Aber lassen Sie uns mit ihr beginnen. Sie muss auf mindestens 26,5 Grad Celsius steigen. Wenn die Temperatur genügend hoch ist, kann entsprechend viel Wasser verdunsten. Damit ist recht viel Energie in Form von latenter Wärme gespeichert, die beim Kondensationsprozess frei werden kann und dem Hurrikan einen zusätzlichen Schub verleiht, damit er ordentlich in die Höhe schießen kann. Die latente Wärme ist im übertragenen Sinne der Treibstoff für den Hurrikan. Je höher die Temperatur der Meeresoberfläche, umso mehr Treibstoff ist vorhanden und umso stärker kann ein Hurrikan potentiell werden. Es reicht für die Entstehung eines Hurrikans allerdings nicht, dass die Temperatur nur an der Oberfläche hinreichend hoch ist. Auch tiefere Meeresschichten müssen entsprechend warm sein, denn sonst würden die starken Winde kaltes Tiefenwasser an die Oberfläche befördern; der Hurrikan würde sich sein eigenes Grab schaufeln, weil er sich die Treibstoffzufuhr selbst abschneidet.

Wenn das Temperaturgefälle zwischen der Meeresoberfläche und den oberen Luftschichten ein bestimmtes Maß übersteigt, kann sich im Prinzip ein tropischer Wirbelsturm ausbilden. Das Wasser verdunstet in großen Mengen und steigt durch Konvektion auf. Durch den Prozess der Kondensation in kühleren Luftschichten bilden sich massive Wolkensysteme aus. Enorme Mengen der zuvor bei der Verdunstung als latente Wärme gespeicherten Energie werden frei. Die Luft innerhalb der Wolken heizt sich dadurch auf, dehnt sich aus und steigt dann mit der noch nicht ausgeregneten Restfeuchtigkeit noch höher. Über der warmen Meeresoberfläche entsteht ein tiefer Druck, und aus der Umgebung strömt Luft mit einem hohen Wasserdampfanteil nach. Oberhalb der Hurrikanwolken entsteht eine Zone sehr hohen Luftdrucks, aus der heraus sich die Luft wieder verteilt.

Allerdings ist die von einem Hurrikan bedeckte Fläche viel zu groß, als dass sich ein einheitliches, geschlossenes Luftpaket bilden könnte, das als Ganzes aufsteigt. Typisch für alle tropischen Wirbelstürme ist daher die Entwicklung spiralförmiger Wolken- bzw. Regenbänder, in denen Aufwinde herrschen, und dazwischen jeweils eine niederschlagsfreie Zone, in der etwas kühlere und trockenere Luft wieder absteigt. Die in die Aufwindgebiete nachströmende feuchte Luft liefert ständig Wasser und somit auch Energie nach, wodurch sich das System verstärkt; und dies lässt noch mehr Luft nachströmen. Man bezeichnet diese Art von Wechselwirkung als positive Rückkopplung: Ein Teufelskreis beginnt. Die an der Oberfläche nachströmenden Luftmassen beginnen infolge der Corioliskraft zu rotieren, und ein großflächiger Wirbel entsteht.

Ein Hurrikan benötigt demnach neben einer recht hohen Meerestemperatur und einer tiefen warmen Deckschicht die ablenkende Kraft der Erdrotation, welche ihm den typischen Spiralcharakter verleiht. Hurrikane entwickeln sich daher nicht in unmittelbarer Nähe zum Äquator, da sich der Einfluss der für die Entwicklung der Hurrikane relevanten Komponente der Corioliskraft mit zunehmender Nähe zum Äquator verringert und schließlich direkt auf dem Äquator verschwindet.

Auch die großräumigen Windverhältnisse in der Vertikalen müssen für die Entwicklung eines Hurrikans günstig sein. Wenn starke Scherwinde entstehen, behindert dies die Entwicklung eines Hurrikans. Eine Ursache für starke Scherwinde: das „Christkind", ein alle zwei bis sieben Jahre auftretendes Klimaphänomen in äquatorialen Pazifik. Dieses nennt sich in Fachkreisen *El Niño*, im Spanischen die Bezeichnung für „der Junge" oder „das Christkind", weil das Phänomen stets um die Weihnachtszeit seinen Höhepunkt erreicht. El Niño verändert die Meeres- und Klimabedingungen im Bereich des äquatorialen Pazifik, der eine Art „Hotspot" für das Klima auf dem ganzen Globus darstellt. Wärmere Strömungen verdrängen das normalerweise dominierende kalte Wasser vor der südamerikanischen Küste und längs des Äquators, und sintflutartige Regenfälle lösen die Trockenheit auf dem angrenzenden südamerikanischen Festland ab, sodass selbst die Atacama-Wüste erblüht und einem Blumenmeer gleicht. Im ansonsten regenreichen südostasiatischen Inselreich und nördlichen Australien herrscht dagegen Dürre, mit der Folge, dass die dortigen Regenwälder wie Zunder brennen, wie zuletzt während des Jahrhundert-El Niños im Jahr 1997.

Während also die Menschen im pazifischen Raum unter der verrückt spielenden Witterung leiden, verschafft „das Christkind" immerhin den Bewohnern der Karibik und im Südosten der USA Erleichterung: Die von El Niño ausgelösten Scherwinde in den höheren Schichten der Atmosphäre „zerfleddern" die meisten Tropenstürme schon im Ansatz und sorgen daher für einen ruhigen Sommer mit nur sehr wenigen Hurrikanen. Umgekehrt verhält es sich in La Niña-Jahren, wenn die kalte Schwester ihren warmen Bruder ablöst, sie die Atmosphäre wieder „stabilisiert" und die Wirbelstürme erneut von der Leine lässt.

Was sagt dies alles unseren Nachbarn im All, den Marsmenschen? Einerseits könnten ihnen ziemlich viele und auch kräftige Hurrikane ins Haus stehen, wenn sie die Temperatur auf ihrem Heimatplaneten falsch einstellen würden. Sie wissen allerdings, dass die Meerestemperatur allein die Hurrikaneigenschaften nicht bestimmt. Und deswegen können sie genauso wenig wie wir auf der Erde abschätzen, was infolge höherer Temperaturen im Detail auf sie zukäme. Bei uns auf der Erde findet die globale Erwärmung bereits statt. Der tropische Atlantik hat sich im letzten Jahrhundert um etwa ein halbes Grad erwärmt, was der Entwicklung von Hurrikanen förderlich wäre. Andererseits hat sich der äquatoriale Pazifik ebenfalls erwärmt; stärkere Scherwinde über dem Atlantik sind die Folge, und das „mögen" die Hurrikane gar nicht. Wir können im Moment nur spekulieren. Das wahrscheinlichste Szenarium ist das Folgende: Es wird insgesamt weniger Hurrikane im atlantischen Raum geben, die Zahl der sehr starken

Wirbelstürme könnte sich jedoch erhöhen. Dieses Ergebnis liefern die heute „besten“ Klimamodelle.

Da wären jedoch noch weitere Faktoren, die wir bisher in unsere Diskussion über die Entwicklung von Hurrikanen nicht einbezogen haben. Wir müssen beispielsweise die Rolle der Meeresströmungen untersuchen, deren Reaktion auf die globale Erwärmung ebenfalls die Meerestemperaturen ändert, allerdings von Region zu Region recht unterschiedlich. Und den Meeresströmungen wollen wir uns jetzt zuwenden.

5.

Fließbandarbeit

Es sieht ganz so aus, als ob wir auf der Erde tatsächlich das Glück gepachtet haben. Wir haben mit den Winden treue Verbündete im Kampf gegen zu starke Temperaturgegensätze. Es gibt zwar Ausnahmen wie die Hurrikane. Aber sie versuchen schließlich auch nur ihr Bestes und schießen dabei im wahrsten Sinne des Wortes leider etwas über das Ziel hinaus.

Und wir haben uns noch gar nicht mit der Rolle der Meeresströmungen beschäftigt. Sie dürfen drei Mal raten. Jawohl! Auch sie stehen im Dienste des Klimas. „Das kann doch nicht mit rechten Dingen zugehen. Das grenzt ja schon an Hexerei", sagte Mars-Peter Erdmann zu sich, als er sich erstmals über diesen Sachverhalt klar wurde. „Die Meeresströmungen schuften wie die Winde für das Klima und schaffen pausenlos Wärme aus den Tropen in Richtung der Pole." Übrigens wissen die Marsmenschen gut über unsere Meere Bescheid, weil sie viele ozeanische Parameter vom Weltall aus bestimmen können. Etwa den Austausch von Wärme zwischen der Luft und dem Meer oder auch das Relief der Meeresoberfläche, aus dem sie auf die Meeresströmungen schließen können.

Zunächst einige eindrucksvolle Sachverhalte, die die bedeutsame Rolle der Meere im Klimageschehen offensichtlich werden lassen. Die Meere sind für die Atmosphäre eine unbegrenzte Quelle von Wasserdampf. Das Meer gibt, über das Jahr gesehen, etwa sieben Mal so viel Feuchte ab wie über den Landflächen verdunsten kann. Die Niederschlagsmenge und auch deren regionale Verteilung, das heißt die Lage der

Hauptniederschlagsgebiete, sind demnach von den Meerestemperaturen sowie der Land-Meer-Verteilung abhängig. Des Weiteren: Um die Temperatur eines Kubikmeters Wasser um ein Grad Celsius zu erhöhen, bedarf es etwa 1,2 Kilowattstunden, im Vergleich zur Luft das Viertausendfache. Der Wärmeinhalt der gesamten Luftsäule vom Erdboden bis zum äußersten Rand der Atmosphäre in etwa 100 Kilometer Höhe findet sich daher schon in den obersten drei Metern des Ozeans wieder. Das Meer stellt somit den bedeutendsten Langzeitspeicher für Wärme auf unserem Planeten dar, wenn wir mal vom Erdinneren absehen. Es nimmt etwa doppelt so viel Energie von der Sonne auf wie die Atmosphäre, speichert diese Energie im Sommer und entlässt sie dann durch langwellige Abstrahlung, direkte Wärmeübertragung und Verdunstung in die Atmosphäre.

Die Meere sind damit auch die wichtigste Wärmequelle für die oberflächennahen Luftschichten, also für den von uns erfahrenen Teil des Klimasystems. Die Wärmeabgabe geschieht über das ganze Jahr, kann aber über weit längere Zeitspannen stattfinden, wenn sich beispielsweise Meeresströmungen ändern. Dadurch wirkt der Ozean als eine Art Schwungrad im Klimageschehen und mildert Klimaschwankungen der für sich allein auf kurzen Zeitskalen von Tagen und Wochen hektisch reagierenden Atmosphäre. Die Kopplung zwischen beiden Systemen bestimmt nicht nur die Klimabedingungen von Jahreszeit zu Jahreszeit, sondern auch über Jahre und weit darüber hinaus.

Die thermische Trägheit des Ozeans zeigt sich ebenfalls in den räumlichen Unterschieden des Klimas. Der weitläufig bekannte Unterschied zwischen dem See- und Landklima ist ein prominentes Beispiel hierfür. Die Tageshöchst- und Tagestiefsttemperaturen liegen über dem Meer deutlich enger beieinander als über dem Land. Die buchstäbliche sibirische Kälte gibt es über dem Meer nicht. Der Einfluss der ozeanischen Wärmespeicherung macht sich selbst noch in benachbarten Landgebieten bemerkbar, wenn die über dem Meer aufgeheizten und angefeuchteten Luftmassen dorthin verfrachtet werden. Als gebürtiger Hamburger kenne ich diesen Einfluss des Meeres nur zu gut. Herrscht im Winter Westwind vor, dann ist es mild und regnerisch. Bei Ostwind dagegen kalt, trocken und häufig sonnig. Der Mars besitzt keine Ozeane mehr, die Wärme speichern und verzögert wieder abgeben könnten. Darum birgt jeder einzelne Tag-Nacht-Zyklus auf dem Mars einen Verlauf der Extreme: Um bis zu 100 Grad Celsius können die nächtlichen Temperaturen unter jene des Tages fallen.

Die Meere tun uns viel Gutes. Und das mittels der Meeresströmungen auch über enorme Entfernungen hinweg. Sie erinnern sich? Ich hatte es weiter oben bereits beiläufig erwähnt. In den Tropen übertrifft der Anteil der Meeresströmungen am Wärmetransport sogar den der Winde. Ein paar Zeilen weiter unten werde ich Ihnen eine Zahl präsentieren, um Ihnen einen Eindruck von den enormen Wärmemengen zu geben, die sowohl Luft- als auch Meeresströmungen von den niedrigen in die höheren Breiten befördern.

Man misst die Transporte in Einheiten von *Petawatt*, eine derart große Leistung, die man sich nicht mehr vorstellen kann. Jedenfalls kann ich es nicht. Haben Sie schon einmal etwas von einem Petawatt gehört? Ich fürchte nicht. Bevor ich mich selbst im Rahmen des Studiums mit der Meteorologie und der Ozeanographie beschäftigt habe, kannte ich das Wort auch nicht. Die Vorsilbe *Peta* steht für eine Eins mit 15 Nullen. Das wissen Sie inzwischen von den Petaflops, mit denen man die Leistung der schnellsten Supercomputer misst. Ein Petawatt entspricht also 1000 000 000 000 000 Watt. Das ist in etwa die Leistung von einer Million Tausend-Megawatt-Kraftwerken. Das Maximum des gemeinsamen, atmosphärischen und ozeanischen, Wärmetransports von sage und schreibe ca. 6 Petawatt finden wir bei etwa 40 Grad geographischer Breite. Da kann man wirklich nur noch staunen. So eine tolle Zusammenarbeit der Winde und Meeresströmungen. Sie rackern gemeinsam für uns Menschen, um uns ein möglichst angenehmes Klima zu bescheren. Man wünschte sich, dass auch wir Menschen immer so gut zusammenarbeiten würden wie die beiden globalen Zirkulationssysteme.

Die Atmosphäre beeinflusst die ozeanische Zirkulation direkt durch den Wind, der die Oberflächenströmungen der Meere antreibt. Dabei folgt das Strömungssystem weitgehend den großen Windsystemen, unterliegt aber zusätzlich der Corioliskraft, der ablenkenden Kraft der Erdrotation, die Sie bereits kennen.

Hinzu kommt der begrenzende Einfluss der Kontinentalränder, der die Bildung großräumiger horizontaler Zirkulationszellen bewirkt. Das sind riesige beckenweite Wirbel, die sich über die subtropischen bzw. subpolaren Becken erstrecken. Die subtropischen Wirbel drehen sich auf der Nordhalbkugel im, die subpolaren Wirbel gegen den Uhrzeigersinn. Auf der Südhalbkugel sind die Verhältnisse genau umgekehrt. Die großen Ozeanwirbel sind am polwärtigen Wärmetransport beteiligt, so wie die Allgemeine Zirkulation der Atmosphäre. Auf der Erde passt scheinbar wirklich alles zusammen. Diesem Eindruck können sich die Marsmenschen einfach nicht erwehren. Egal, welche Komponente des Klimasystems sie sich ansehen, jede Komponente hat scheinbar nur ein Ziel: Unterschiede auszugleichen.

Besonders effektiv ist dabei der *Golfstrom*. Diese Meeresströmung im Atlantik kennet jedes Kind. Die Marsmenschen natürlich auch, Fels Marsstein sei Dank. Die Meeresoberflächentemperatur zeigt nämlich sehr deutlich den Weg des Golfstroms, man muss nur dem warmen Wasser folgen. Da die Temperatur die Menge Wasserdampf in der Atmosphäre bestimmt und damit die optischen Eigenschaften der Luft ändert, ist die Temperatur der Meeresoberfläche vom Weltraum aus messbar; man muss nur sein Radio auf die richtige Frequenz einstellen. Die Satellitenbilder sehen aus wie wunderschöne Gemälde. Das werden Sie sicherlich zugeben. Ein Beispiel sehen Sie in der folgenden Aufnahme, die nicht von den Marsmenschen, sondern von der NASA stammt. Die NASA-Wissenschaftler sind selbstverständlich ebenfalls in der Lage, die Meeresoberflächentemperatur aus dem All zu bestimmen. Wenn sie die Daten zusätzlich einfärben, werden sie zu wahren Künstlern und schaffen richtige Meisterwerke. Der Beruf des Klimaforschers ist daher ziemlich kreativ.

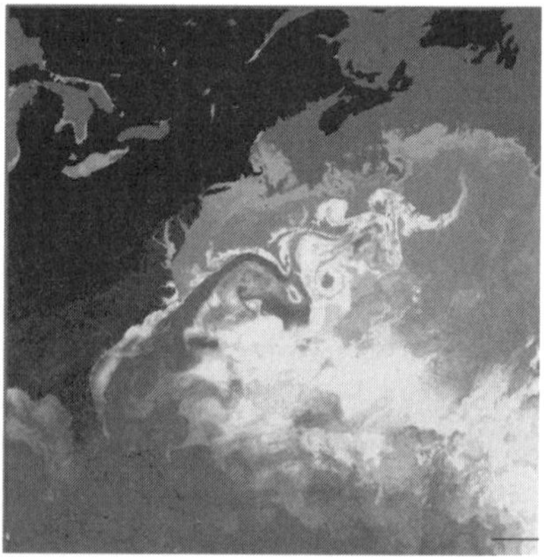

Der Golfstrom führt warmes Wasser aus dem subtropischen Westatlantik an der Ostküste der USA nach Norden und weiter nach Westeuropa. Dadurch werden gewaltige Energiemengen aus den subtropischen in die mittleren und hohen Breiten befördert. Aus diesem Grund ist der Golfstrom für das im Vergleich zu anderen Gebieten derselben geographischen Breite relativ milde Klima in West- und Nordeuropa mit verantwortlich. Er ist eine der stärksten horizontalen Meeresströmungen überhaupt. Der Strom verläuft zunächst nahe der US-amerikanischen Ostküste von Florida aus nach Norden. Nahe Cape Hatteras im US-Bundesstaat North Carolina, bei etwa 35 Grad nördlicher Breite, löst er sich von der Küste und dringt als gebündelter „Strahl“ in den offenen Atlantik vor. Der Golfstrom besitzt beim Verlassen der Ostküste Nordamerikas eine Breite von etwa fünfzig Kilometern und reicht von der Meeresoberfläche bis etwa 300 Meter Wassertiefe.

Im offenen Ozean beginnt die dann als *Nordatlantikstrom* bezeichnete Strömung zu mäandrieren, so wie auch die Jets in der oberen Atmosphäre, wobei sich die Mäander mit der Strömung nach Osten verlagern. Das gibt der Strömung etwas Wildes und verleiht den Satellitenaufnahmen eine gewisse Dynamik. Ein Kunstmaler müsste vermutlich all sein Können aufbieten, um diese Energie in seine Bilder hineinzubekommen.

Im Verlauf von einigen Monaten schnüren sich geschlossene Ringe, die *Eddies*, ab, die als rotierende Warmwasserringe – analog zu den atmosphärischen Tiefdruckgebieten – weiter durch den Atlantik in Richtung auf Europa zutreiben. Die Eddies leben einige Wochen bis zu wenigen Monaten, bis sie sich bis zur Unkenntlichkeit mit den umgebenden kälteren Wassermassen des Nordatlantiks vermischt haben. In der Atmosphäre dagegen sind die Tiefs schon nach ein paar Tagen Geschichte.

Nach etwa 1500 Kilometern Strecke im offenen Ozean verliert sich der Charakter des Nordatlantikstroms als eng gebündelter Strom, es handelt sich vielmehr um eine diffuse warme Wassermasse, die in mehreren Verzweigungen bis nach Nordeuropa reicht. Dort bewirkt sie beispielsweise, dass die nahe der norwegischen Grenze und am Polarkreis gelegene russische Stadt Murmansk einen weitgehend eisfreien Hafen hat.

Wie für die Atmosphäre besitzt die Sonneneinstrahlung selbstverständlich auch für das Meer eine wesentliche Bedeutung. Das Meer absorbiert und reflektiert sie je nach geographischer Breite in unterschiedlichem Maße. Bei hoher Einstrahlung, d. h. in niedrigen Breiten, und bei geringer Bewölkung, also in den Subtropen, nimmt das Meerwasser viel Energie auf. Dadurch erwärmt sich das Oberflächenwasser. Ein Teil verdunstet, wodurch einerseits Energie an die Atmosphäre verloren geht, andererseits der Salzgehalt des Meerwassers ansteigt. Die Verdunstung erhöht nämlich den Salzgehalt, während der Regen ihn erniedrigt. Die Subtropen im Atlantik beiderseits des Äquators mit ihrer starken Verdunstung weisen daher einen relativ hohen Salzgehalt auf, was wir der folgenden Abbildung entnehmen können. Die mittleren und hohen Breiten dagegen besitzen infolge der ergiebigen Niederschläge einen vergleichsweise niedrigen Salzgehalt. In der Arktis kommt der Süßwassereintrag durch die großen Flüsse hinzu.

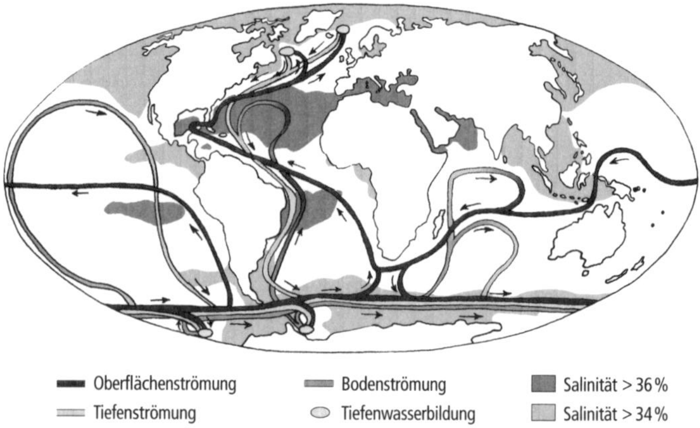

Die Bildung einer warmen Oberflächenschicht, der Decksicht, in tropischen und subtropischen Gebieten hat zur Folge, dass sich eine *stabile Schichtung* mit leichtem Oberflächenwasser über schwererem Tiefenwasser ausbildet. Diese verhindert, dass das Oberflächenwasser in die Tiefe absinken kann, weil das warme Wasser eine relativ geringe Dichte besitzt und deswegen leichter ist als das kalte. Die K… kann nicht einsetzen. Sie wissen schon, ich meine – wie könnte es anders sein – die Konvektion. Sie scheint bei allen Prozessen, die das Erdklima bestimmen, eine wichtige Rolle zu spielen; egal ob es sich um Prozesse im Erdinneren handelt oder um die Winde bzw. die Meeresströmungen. In den Tropen findet die Konvektion im Meer kaum statt, aber in den höheren Breiten. Dort geht die ohnehin geringe Einstrahlung durch die Sonne zum großen Teil durch Reflexion wieder verloren. Das kalte Oberflächenwasser kann sich in den höheren Breiten aufgrund seiner hohen Dichte mit dem Tiefenwasser leicht austauschen, sodass es hier nur eine schwache Schichtung gibt.

Das Wort Schichtung kommt uns Wissenschaftlern leicht über die Lippen. Ihnen wohl weniger. Der Begriff Schichtung spielt in der *geophysikalischen Fluiddynamik*, der Lehre von Winden und Meeresströmungen, eine wichtige Rolle. Für Sie mag er klingen wie ein Haufen Spielkarten, wobei eine Karte schön säuberlich auf der anderen liegt. Sie alle kennen eine Wetterlage, die man als *Inversionswetterlage* bezeichnet. Zumindest haben Sie diesen Begriff schon einmal gehört. Während einer solchen Wetterlage liegen die warmen Luftschichten über den kalten, die Schichtung ist stabil. Der Austausch zwischen den Luftmassen kann in diesem Fall nicht stattfinden, der Dreck, den wir fortwährend produzieren und in die Luft pusten, sammelt sich unten und es kann sogar zu einer *Smog*-Situation kommen. Im Sommer gibt es dann bei entsprechend starker Sonneneinstrahlung häufig Ozon-Alarm, und es dürfen sogar Fahrverbote ausgesprochen werden. Im Winter sind es die typischen Hochnebel-Wetterlagen, die mit einer stabilen Schichtung verbunden sind. In den Tälern herrscht dann das eintönige Grau, während man auf den Bergen meistens eine wunderbare Fernsicht genießen kann.

Kehren wir nun zu den Meeren zurück. Die Unterschiede in der Energieaufnahme und im Salzgehalt sowie die Austauschvorgänge mit der Atmosphäre und dem Eis führen zu unterschiedlichen Dichte- bzw. Druckverhältnissen im Meerwasser. Dadurch entsteht auch unter Mitwirkung der Winde ein vertikales Strömungssystem, die *thermohaline Zirkulation*. Sie ist ein weltumspannendes Netz von Meeresströmungen mit warmen wie auch kalten Zweigen.

Der Namenszusatz *thermohalin* besagt, dass es sich um ein Stromsystem handelt, für das Temperatur- und Salzunterschiede als Antrieb wichtig sind. Normalerweise denkt man bei den Meeresströmungen an horizontale Bewegungen, die vom Wind angeregt werden. Diese gibt es in der Tat, wie wir bereits gelernt und uns am Beispiel des Golfstroms veranschaulicht haben. Die thermohaline Zirkulation ist vor allem durch vertikale Bewegungen geprägt. Man spricht in diesem Zusammenhang gerne von einem Förderband oder einer Umwälzbewegung. Es handelt sich also um ein Phänomen, das in dieser Hinsicht eine gewisse Ähnlichkeit zu den Hadley- bzw. den Ferrel-Zellen der Allgemeinen Zirkulation der Atmosphäre aufweist.

Noch ein Wort zum Eis. Das Wasser besitzt normalerweise die größte Dichte, sozusagen seine größte „Schwere“, bei 4 Grad Celsius, sodass seine feste Phase, das Eis, schwimmt. Daher sind große Meeresgebiete in den polaren Breiten mit Eis bedeckt. Der Volksmund spricht vom Packeis, wir Wissenschaftler vom Meereis, was den Kern der Sache unserer Meinung nach besser trifft. Dass das Eis schwimmt, kennen Sie von ihrem Longdrink: Der Eiswürfel schwimmt meistens oben. Die Eisbildung bzw. das Schmelzen von Eis beeinflussen den Salzgehalt des Meerwassers, wie das auch Verdunstung und Niederschlag sowie das aus den Flüssen kommende Wasser tun. Da das Meereis viel weniger Salz in seine Struktur einbaut, als es dem Anteil am Meerwasser entspricht, bleibt ein großer Teil des Salzes beim Gefrierprozess im Wasser zurück und macht es dadurch „schwerer“. So erhöht sich der Salzgehalt, wenn sich das Meereis bildet. Die Eisbildung begünstigt durch die damit zusammenhängende Dichteerhöhung die Konvektion im Meer, d.h. das Absinken von Wassermassen. Die Gebiete mit Konvektion bis in Tiefen von bis zu einigen Kilometern sind in der obigen Abbildung als Kreise dargestellt und befinden sich im Nordatlantik, im Südatlantik und im Südpazifik.

Der Atlantik nimmt eine Sonderstellung unter den Meeren ein. Er ist salziger als der Pazifik und reicht als einziger Ozean bis in die Nordpolar-Region. Hier begegnet uns erneut der Salzgehalt als ein wichtiger Faktor für das Klima auf einem Planeten mit flüssigem Wasser. Er ist buchstäblich das Salz in der Suppe für die thermohaline Zirkulation.

Der hohe Anteil an gelösten Salzen war ja in der Frühphase des Mars dafür verantwortlich, dass es trotz der frostigen Temperaturen dort flüssiges Wasser gegeben hat. Auch bei uns auf der Erde spielt der Salzgehalt des Meerwassers eine sehr wichtige Rolle, denn er verändert die Eigenschaften des Meerwassers in zweierlei Hinsicht. Das Salz erniedrigt nicht nur den Gefrierpunkt, sondern verschiebt auch die Temperatur des Dichtemaximums, die Temperatur der größten „Schwere" eines Wasservolumens, zu kälteren Temperaturen. Die größte Dichte besitzt das Meerwasser bei einem typischen Salzgehalt von 34,7 Promille erst bei einer Temperatur von minus 3,8 Grad Celsius, während diese plus 4 Grad Celsius ohne Salzzusatz beträgt. Die Temperatur des Dichtemaximums liegt damit unterhalb der durch das Salz erniedrigten Gefrierpunktstemperatur von minus 1,9 Grad Celsius. Dadurch kann im Meer bei Abkühlung bis zum Einsetzen der Eisbildung die Konvektion stattfinden.

Der Nordatlantikstrom besitzt einen windgetriebenen Anteil und ist zugleich Bestandteil des alle Ozeane umfassenden größeren Systems der thermohalinen Zirkulation. Er ist ein entscheidendes Bindeglied zwischen den horizontalen und den vertikalen Bewegungen im Atlantik. Der Nordatlantikstrom und seine Verästelungen bringen warmes Oberflächenwasser mit einem relativ hohen Salzgehalt aus den Subtropen in den äußersten Nordatlantik und in die Arktis.

Erst diese Art von „Sonderbehandlung“ macht es möglich, dass dort durch die Abkühlung und Bildung von Eis eine Wassermasse an der Oberfläche gebildet wird, die so schwer ist, dass sie bis in große Tiefen absinkt. Dies geschieht durch Winterstürme, die auf ihrer Rückseite arktische Kaltluft anzapfen, wodurch sich das Wasser stark abkühlen und damit seine Dichte erhöhen kann. Das kalte Wasser sinkt vor allem in der Labrador- und in der Grönlandsee ab und strömt dann in Tiefen von zwei- bis dreitausend Metern als *Nordatlantisches Tiefenwasser* in Richtung des Äquators. Dabei konzentriert sich die Strömung am westlichen Rand des atlantischen Beckens, weswegen man von dem *tiefen westlichen Randstrom* spricht. An der Oberfläche strömt dann warmes Wasser in Richtung des Pols; es darf schließlich kein Loch im Meer geben. Der Golfstrom bzw. sein östlicher Ausläufer, der Nordatlantikstrom, sind damit beide Bestandteile dieser einzigartigen Umwälzbewegung im Atlantik.

Mit der Umwälzbewegung erfolgt ein Wärmetransport, wie könnte es auch anders sein. Im Mittel nimmt das Meer Wärme in niedrigen Breiten auf, transportiert diese polwärts und gibt sie in den höheren Breiten an die Atmosphäre ab. Und das Ganze bewerkstelligt eben das große Förderband. Da die Umwälzbewegung sogar bis in den Südatlantik reicht, entzieht sie auch diesem Wärme. Schwankungen in der Stärke der Umwälzbewegung äußern sich daher in entgegengesetzten Temperaturänderungen im Nord- und Südatlantik. Läuft das Förderband auf Hochtouren, erwärmt sich der Nordatlantik, während sich der Südatlantik abkühlt. Der Energietransport durch die atlantische Umwälzbewegung führt in einigen Gebieten zu besonders starker Wärmeabgabe an die Atmosphäre, beispielsweise vor der amerikanischen Ostküste und längs des Weges des Nordatlantikstroms. Letzterer führt

Wärme quer über den Atlantik nach Osten, sodass die Lufttemperatur bei uns und weiter nördlich um mehrere Grad über dem Breitenmittel liegt. Wir in Nordeuropa profitieren mit unserem milden Klima davon. So haben die Norweger an ihrer Westküste selbst im Winter eisfreie Häfen.

„Unglaublich", findet das Marslene vom Anderen Stern, denn sie weiß natürlich, was das alles bedeutet: Die Winde und die Meeresströmungen arbeiten Hand in Hand, um die Einstrahlungsgegensätze auf der Erde auszugleichen. Es scheint tatsächlich so etwas wie eine ordnende Hand zu geben, die alles auf der Erde bestimmt, zum Wohle unseres Klimas.

Außer Energie tauschen das Meer und die Atmosphäre auch Stoffe wie beispielsweise Wasser miteinander aus, mit weitreichenden Folgen für beide Klimakomponenten. Die Verdunstung entzieht dem Meer Süßwasser; das Salz verbleibt im Meer, erhöht den Salzgehalt. Umgekehrt wirkt der Niederschlag, sodass niederschlagsreiche Gebiete wie die Gewässer Indonesiens einen niedrigen Salzgehalt aufweisen. Soweit der Niederschlag über dem Meer fällt, verringert er direkt den Salzgehalt des Oberflächenwassers. Aber auch der über die Flüsse indirekt in den Ozean gelangende Niederschlag wirkt sich in dieser Weise aus. Und beide Vorgänge, Verdunstung und Niederschlag, besitzen, wie wir gerade gesehen haben, einen wesentlichen Einfluss auf die Meeresströmungen. Daneben führt die Verdunstung zu einer Erhöhung des atmosphärischen Wasserdampfgehalts und steigert die Niederschlagsneigung.

Die Verdunstung über den Meeren liefert den Löwenanteil des Wasserdampfes der Atmosphäre und ist damit der Hauptantrieb für den globalen Wasserkreislauf und insbesondere für die Niederschläge, auch auf dem Land. Die Verdunstung und das Ausregnen des verdunsteten Wasserdampfes ereignen sich nur teilweise am selben Ort oder in derselben Klimazone, so wie es oftmals in den Tropen der Fall ist. Meistens transportieren die Winde den Wasserdampf über große Entfernungen, sodass er weit entfernt von seinem Ursprung ausregnet. Der in den Subtropen des Atlantiks verdunstete Wasserdampf reist beispielsweise zu einem großen Teil mit den Passatwinden über die mittelamerikanische Landbrücke hinweg und fällt als Niederschlag über dem Pazifik, ein wesentlicher Grund für den höheren Salzgehalt des atlantischen Ozeans gegenüber dem des Pazifiks und einer der Hauptantriebe für das gegenwärtige Muster der thermohalinen Zirkulation. Ohne diesen „Süßwasserexport" hätte der Atlantik einen deutlich geringeren Salzgehalt und würde vermutlich gar keine ausgeprägte Umwälzbewegung besitzen und damit das Schicksal des Pazifiks teilen.

Das Meer beeinflusst durch seine thermischen Eigenschaften die Allgemeine Zirkulation der Atmosphäre. Das hatten wir uns anhand des Polarfront-Jets, des starken Westwinds in der Höhe, bereits verdeutlicht, der ja seine Existenz dem Aufeinandertreffen der vom Golfstrom gewärmten und der kalten arktischen Luftmassen verdankt. Oder denken Sie an die *Land-See-Wind-Zirkulation* an den Küsten. Ich selber wohne an der Ostseeküste und kenne die eingebaute Klimaanlage im Sommer nur zu gut. Wenn die Sonne von einem strahlend blauen Himmel scheint, erwärmt sich das Land sehr schnell im Vergleich zum trägen Meer. Die Luft steigt über dem Land empor, und Luft strömt vom Wasser her nach. Weil das Wasser kälter ist, empfinden wir den *Seewind* als sehr angenehm. Nachts kehren sich die Verhältnisse um, denn das Wasser kann die Wärme sehr viel besser speichern als das Land.

Unsere lieben Marsmenschen, allen voran Fels Marsstein, wissen davon. Wieso? Sie können schließlich die Wolken, die sich wie eine Perlenschnur längs der Küsten ausrichten, mit den von ihm entwickelten hochempfindlichen Kameras erkennen. Nachts benutzen sie ihre Infrarotkameras, die Wärmebildkameras. Fels Marsstein ist schon ein Teufelskerl, der mit seinen zahlreichen Erfindungen einen umfassenden Blick vom Mars auf die Erde ermöglicht.

Das Meer und die Atmosphäre beeinflussen sich gegenseitig in vielerlei Hinsicht. Für die Stärke des Treibhauseffektes spielt der „Handel“ von Gasen zwischen dem Meer und der Atmosphäre eine ganz wesentliche Rolle. Der Austausch von Kohlendioxid beispielsweise beeinflusst im erheblichen Maße den atmosphärischen CO_2-Gehalt. Daher bestimmt das Meer auch mit über die Strahlungseigenschaften der Atmosphäre. Ist der Ozean in der Lage, viel CO_2 aus der Atmosphäre aufzunehmen, werden der atmosphärische Kohlendioxidgehalt und damit auch die Treibhauswirkung und die globale Temperatur relativ niedrig gehalten. Vermindert sich die Fähigkeit des Ozeans zur CO_2-Speicherung oder kommt es zur vermehrten Ausgasung von Kohlendioxid in die Atmosphäre, dann tritt der umgekehrte Effekt ein. Die Meere beeinflussen somit den Anteil des in der Atmosphäre verbleibenden von uns Menschen emittierten, anthropogenen, Kohlendioxids. Dabei hängt die Aufnahme des Meeres von zahlreichen Faktoren ab, wie der Meerestemperatur, verschiedenen chemischen und biologischen Prozessen oder von dynamischen Vorgängen wie der Konvektion im Meer.

Die Meere stellen heute eine wichtige Senke für Kohlendioxid dar, das wir Menschen in die Luft entlassen. Und das ist Fluch und Segen zugleich. Fast die Hälfte des von uns seit Beginn der Industrialisierung durch die Verbrennung der fossilen Brennstoffe in die Luft gepusteten CO_2 ist inzwischen im Meer „gelandet“. Dadurch fällt die globale Erwärmung bisher deutlich geringer aus, als es ohne die Kohlendioxid-Senke Meer der Fall wäre. Auf der anderen Seite kommt es zwangsläufig zu einer *Versauerung* der Weltmeere. Diesen Effekt können die Marsmenschen trotz der außergewöhnlichen Fähigkeiten von Fels Marsstein zwar nicht direkt messen; sie wis- sen aber, dass es Konvektionsgebiete gibt, in denen das Kohlendioxid in die Tiefsee gelangen muss. Dort ist nämlich die Meeresoberfläche im Vergleich zur Umgebung relativ niedrig, und sie sind imstande, das Relief der Meeresoberfläche zu „sehen", indem sie die Laufzeit ausgesendeter Impulse bis zu ihrer Rückkehr messen. Und jeder Marsmensch weiß, dass Wasser und Kohlendioxid Kohlensäure ergeben, denn die Gesetzmäßigkeiten der Physik und der Chemie sind schließlich überall im Universum gleich.

Wenn mein Kieler Kollege Ulf Riebesell, Professor für biologische Ozeanographie und Spezialist auf dem Gebiet der Meeresversauerung, interessierten Laien den Effekt der Versauerung zeigen möchte, dann benötigt er nur ein Glas Mineralwasser und ein Stück Kreide. Er wirft das weiße Stückchen in die Flüssigkeit, und schon beginnt das große Sprudeln: Die Kohlensäure greift den Kalk an.

Der gleiche Effekt könnte schon bald in großem Umfang die Ökosysteme der Weltmeere bedrohen. Darunter würden viele Lebewesen im Meer leiden, etwa die tropischen Korallen oder ihre Geschwister in den höheren Breiten, die *Kaltwasserkorallen*. Die Meeresbewohner müssen ohnehin schon die Erwärmung und die Verschmutzung ertragen. Besonders stark sind die Polargebiete betroffen, denn die CO_2-Aufnahme ist bei den kalten Temperaturen am höchsten. Vor allem Tiere am unteren Ende der Nahrungsketten, die uns nicht so geläufig sind, wären von der Versauerung zunächst betroffen. Tiere wie die *Flügelschnecke* sind jedoch sehr wichtig für die Ernährung von höher entwickelten Arten wie Walen, Heringen, Lachsen oder auch Seevögeln. Und die Kaltwasserkorallen der polaren Regionen sind so etwas wie eine Kinderstube vieler Arten. Die zunehmende Meeresversauerung könnte sich zu einem gigantischen

Problem auf der Erde entwickeln, denn sie könnte einen negativen Einfluss auf die weltweite Ernährungssituation nehmen. Schließlich ernähren sich die meisten Menschen von dem, was ihnen das Meer bietet. Hier tickt möglicherweise eine Zeitbombe. Im Gegensatz zum Meeresspiegelanstieg und der globalen Erwärmung ist das Problem der Ozeanversauerung als unmittelbare Folge des Klimawandels bisher öffentlich kaum bekannt. Hand aufs Herz, liebe Leserinnen und Leser, hatten Sie schon etwas von der Versauerung der Weltmeere gehört? Jetzt haben Sie es. Und jetzt kennen Sie einen weiteren guten Grund, warum wir auf die sauberen Energien umsteigen sollten.

Das Klimaproblem ist offensichtlich sehr vielschichtig. Lassen Sie uns kurz zu den physikalischen Aspekten der Ozeane zurückkehren. Im Vergleich zur Atmosphäre ist das Meer ein träges System, es nimmt Wärme langsamer auf und gibt sie langsamer ab. Außerdem sind die Meeresströmungen viel schwerfälliger als die Winde, und somit transportieren sie Energie auch weniger schnell. Allerdings ist die Wärmekapazität des Meerwassers sehr groß, sodass der atmosphärische und der ozeanische Wärmetransport von der gleichen Größenordnung sind. Die Tag- und Nacht- bzw. Sommer- und Winterunterschiede in der Sonneneinstrahlung werden von der Atmosphäre unmittelbar nachvollzogen, wirken sich aber nur gedämpft und verzögert auf das Meer aus. Daher ist das Meerwasser am Tage und im Sommer oftmals kühler als das benachbarte Land, nachts und im Winter dagegen wärmer, was wiederum das Klima der angrenzenden Landgebiete beeinflusst. Und hierin liegt die Ursache für das moderate maritime Klima, das nur geringe Temperaturunterschiede im Vergleich zum kontinentalen Klima kennt.

Hinzu kommt, dass die Meere, insbesondere in den Absinkgebieten der thermohalinen Zirkulation, oberflächliche Temperaturänderungen in große Tiefen weiterleiten und erst nach hunderten von Jahren wieder an die Atmosphäre abgeben. Daraus erklärt sich die Trägheit des Klimas mit der Folge, dass man langfristig denken muss, wenn man über den Schutz des Klimas nachdenkt. Denn wir sehen heute noch gar nicht die volle Wirkung unseres Handels auf das Klima. Und genau das macht die Marsmenschen so nervös; deswegen haben sie frühzeitig Kontakt mit uns aufgenommen. Was wir heute an Klimaänderung erkennen, das haben unsere Großeltern und Eltern verursacht. Die Wirkung unserer eigenen Treibhausgasemissionen werden erst unsere Kinder zu spüren bekommen. Wenn sich aber das Klima erst einmal stark geändert hat, ist der „Bremsweg" lang, so wie bei einem Auto, bei dem wir Gas gegeben haben und das bereits eine hohe Geschwindigkeit erreicht hat. Sie alle kennen wahrscheinlich noch die Frage aus der Fahrschule, die von Ihnen die Berechnung des Bremsweges verlangte. Und dann wissen Sie auch, dass der Bremsweg stark mit der Geschwindigkeit zunimmt. Wenn wir jetzt also Maßnahmen ergreifen, um das Klima zu schützen, werden sich die Erfolge zwar erst in einigen Jahrzehnten einstellen. Machen wir in den kommenden Jahrzehnten aber so wie bisher weiter, dann wird sich das Klima erst in vielen Jahrhunderten erholen.

Erschwerend kommt eine wichtige Erkenntnis von Venus Karbon hinzu, unserer Spitzenforscherin von der Venus aus dem Exzellenzcluster „Geschichte der Planetenatmosphären". Wenn die Atmosphäre erst einmal randvoll mit dem Treibhausgas Kohlendioxid ist, dauert es viele Jahrhunderte, ja bis zu einem Jahrtausend, bis sich die CO_2-Konzentration wieder einigermaßen normalisiert. Die langfristige Senke für das von uns in die Luft geblasene Kohlendioxid ist das Meer. Der Austausch von Substanzen zwischen der mit der Atmosphäre in Kontakt stehenden Oberflächenschicht der Meere und der Tiefsee ist jedoch ziemlich langsam, d.h. der Abtransport von Kohlendioxid in die Tiefsee erfordert viel Zeit, so wie sich eine volle Badewanne nur sehr langsam leert, wenn man den

Stöpsel zieht. Hinzu kommt, dass die Kohlendioxid-Senke Meer durch die Erwärmung an Effizienz verliert. Und damit klingt die aus dem Zuviel an Kohlendioxid und dem damit zusammenhängenden verstärkten Treibhauseffekt entstehende Erwärmung nur sehr langsam ab, weil das Kohlendioxid in der Atmosphäre für lange Zeit quasi gefangen ist.

Das kann nicht unsere Absicht sein. Wir sollten nicht heute schon die Weichen für die Menschen stellen, die im Jahr 3000 oder danach leben. Zum Glück möchten wir dies auch nicht. Diese Einsicht besitzen wir inzwischen. Jetzt geht es darum, aus der Erkenntnis die notwendigen Schlüsse zu ziehen und schnell zu handeln. Die Marsmenschen werden uns dabei weiterhin helfen. Denn was sie über unser Klima und unser Wetter herausgefunden haben, erlaubt wichtige Rückschlüsse darüber, wie viel wir unserem Planeten überhaupt zumuten dürfen.

6.

Die Wolke, das unbekannte Wesen

Lassen Sie uns nach dem Kennenlernen der globalen bzw. großräumigen Zusammenhänge einen Blick auf die kleinräumigen Bewegungsvorgänge werfen. Die Marsmenschen haben auch die *mesoskaligen* Erscheinungen in Augenschein genommen. Sie selbst haben allerdings sehr viel von unseren Wissenschaftlern auf der Erde gelernt, denn je kleiner ein Phänomen ist, umso besser kann man es vor Ort studieren. Dabei fragen sich die Marsmenschen hauptsächlich, ob tatsächlich alles, was auf der Erde geschieht, Sinn macht, also dazu beiträgt, die Erde lebenswert zu gestalten bzw. zu erhalten. Aber natürlich nur im langzeitlichen Mittel, wie Mars-Peter Erdmann von der Mars-Universität es so treffend beschrieb.

Um die Antwort vorwegzunehmen: Ja. Wir werden jedoch verstehen lernen, dass „Sinn machen" ein dehnbarer Ausdruck ist. Es stellt sich nämlich die Frage: Für wen oder was macht etwas Sinn? Wir dürfen die Sinnhaftigkeit von etwas nicht ausschließlich in einem streng physikalischen bzw. klimatologischen Zusammenhang verstehen. Wir besitzen schließlich fünf Sinne, und auch um diese kann es sich handeln, wenn man die Sinnfrage stellt. Der Spruch „nicht alle fünf Sinne beisammen haben" kommt nicht von ungefähr, sondern dokumentiert, dass wir die Dinge mit allen Sinnen wahrnehmen und beurteilen sollten. Unser Handeln sollte daher nicht ausschließlich rationalen Überlegungen Rechnung tragen. Ethik etwa sollte eine gewichtige Rolle bei Entscheidungen oder Bewertungen spielen, oder es könnte auch der Gesichtspunkt der Ästhetik sein.

Besonders unsere Wolken haben es den Marsmenschen angetan, denn diese führen tagtäglich ein Riesenspektakel für das extraterrestrische Publikum auf. Die Wolken sind faszinierende „Geschöpfe", deren Eigenschaften allerdings längst nicht in allen Einzelheiten verstanden sind. Sie stecken voller Überraschungen, und mancher Jungwissenschaftler und manche Jungwissenschaftlerin könnten beim Entschlüsseln ihrer Rätsel noch Pionierarbeit leisten. Auf dem Mars versuchen einige von ihnen ihr Glück in der Arbeitsgruppe von Marslene vom Anderen Stern.

Wussten Sie eigentlich, dass es auch auf dem Mars Wolken gibt? Diese bestehen aus Kohlendioxid-Eis (Trockeneis) und befinden sich in großen Höhen von etwa achtzig Kilometern. Die Wolken sind ziemlich dick und können die Helligkeit der Sonneneinstrahlung auf der Marsoberfläche um bis zu vierzig Prozent reduzieren. Sie werfen daher einen ziemlich dichten Schatten und besitzen damit einen messbaren Effekt auf die lokalen Bodentemperaturen. Im Schatten kann es bis zu zehn Grad kühler sein als in seiner sonnigen Umgebung.

Der Begriff Wolke kommt zuhauf in unserem Sprachgebrauch vor. Meistens ist er positiv besetzt, was darauf schließen lässt, dass wir die Wolken sehr schätzen, und das zu Recht. Wenn es uns beispielsweise so richtig gut geht, dann schweben wir auf „Wolke Sieben". Oder wir müssen besagte Wolke leider wieder verlassen, wenn wir „kalt erwischt" werden, d.h. etwas völlig Unvorhergesehenes passiert; wir fallen dann nämlich „aus allen Wolken". In China gelten Wolken als Symbol für Glück und Frieden. Das Wort Wolke (althochdeutsch: „wolkan", mittelhochdeutsch: „wolken") stammt vom westgermanischen „wulkana" ab, das möglicherweise auf die indogermanische Wurzel „welg" für „feucht" zurückgeht. Diese Theorie möchte ich gerne glauben, denn Wolken sind ja irgendwie der Inbegriff der Feuchtigkeit.

Wolken haben uns schon immer fasziniert, mich selbst

ganz besonders. Und auch die Marsmenschen können sich dieser Faszination nicht entziehen, schließlich haben Sie einen globalen Blick auf unsere Erde und sehen daher die tollsten Formationen. Wolken waren und sind bei uns auf der Erde ein beliebtes Motiv der Landschaftsmalerei und Naturfotografie, und sie werden es vermutlich immer bleiben. Insbesondere die Sonnenunter- und -aufgänge wären ohne Wolken geradezu langweilig. Wer von Ihnen kennt nicht die Bilder von William Turner und Caspar David Friedrich aus der Romantik oder von Emil Nolde aus dem 20. Jahrhundert? Noldes Bild „Bewegtes Meer“ ist aus meiner Sicht ein geeignetes Beispiel für die Rolle der Wolken in der Kunst: In dem Gemälde stehen sich eine violette und eine gelbe Wolke herausfordernd über der tosenden See gegenüber.

Man bezeichnet eine Anhäufung von Dingen oder Objekten ebenfalls als Wolke. In der Wissenschaft spricht man hin und wieder von einer Punktwolke, wenn man einzelne Messwerte in ein Diagramm einträgt. Vermutlich haben Sie selbst schon einmal zumindest während der Schulzeit Wertepaare in einen Bogen Millimeterpapier eingetragen. Oft versucht man eine Ausgleichsgerade durch die Messwerte zu legen, um eine *lineare* Beziehung zwischen zwei Größen zu veranschaulichen. Wenn es sich bei den Messwerten um zufällige Ereignisse und buchstäblich um eine Punktwolke handelt, man als Wissenschaftler trotzdem eine Ausgleichsgerade durchlegt, ist einem der Spott der Kollegen gewiss. Auch in der Astronomie ist der Begriff Wolke geläufig. Die *Magellanschen Wolken* beispielsweise sind zwei irreguläre Zwerggalaxien in nächster Nachbarschaft zu unserer eigenen Galaxie, der Milchstraße. Die Wolken des irdischen Wetters, um die es im Folgenden gehen soll, kann man in diesem Zusammenhang als eine Anhäufung von winzigen Tröpfchen verstehen.

Die Wolken kommunizieren mit uns. Sie besitzen viele Möglichkeiten, um sich verständlich zu machen. Die Sprache, die

Sie alle verstehen, liebe Leserinnen und Leser, ist der Donner. Er sagt uns, dass infolge sehr starker vertikaler Temperaturunterschiede ein Gewitter entstanden ist. Der Donner ist übrigens ein Überschallknall. Die Luft erwärmt sich im Blitzkanal auf bis zu 30 000 Grad Celsius, was dem Fünffachen der Oberflächentemperatur der Sonne entspricht. Dabei dehnt sich die Luft so schnell aus, dass sie die Schallmauer durchbricht. Der sich mit Schallgeschwindigkeit ausbreitende Donner warnt uns frühzeitig vor den Blitzen, damit wir uns in Sicherheit bringen können.

Sie kennen sicherlich alle die Regel, um die Entfernung eines Gewitters abzuschätzen. Der Schall bewegt sich mit einer Geschwindigkeit von gut 300 Meter pro Sekunde fort. Der Donner legt also nach Adam Riese in drei Sekunden ungefähr einen Kilometer zurück. Die Lichtgeschwindigkeit ist mit etwa dreihunderttausend Kilometer pro Sekunde sehr viel höher: Wir sehen den Blitz praktisch sofort, egal wie weit er entfernt ist. Wir müssen daher nach dem Wahrnehmen des Blitzes nur die Sekunden zählen, bis wir den Donner hören. Dauert es beispielsweise sechs Sekunden, dann ist die Gewitterwolke ungefähr zwei Kilometer entfernt. Bleiben Sie in diesem Fall besser zu Hause und ziehen auch noch den Stecker Ihres Fernsehers, bis kein Grummeln mehr zu vernehmen ist. Sicher ist sicher.

Das Wort „Blitz“ stammt vom indogermanischen Wort „bhlei“, was nichts anderes als „leuchten“ bedeutet. Und wussten Sie, dass ein Blitz in Wirklichkeit aus einer Folge von Vor- und Hauptblitzen besteht. Ihre Abfolge ist jedoch so schnell, dass unser Auge die einzelnen Blitze nicht mehr wahrnimmt und wir nur einen Blitz sehen. Wir fürchten uns vor Blitz und Donner, und das völlig zu Recht. Sie signalisieren uns nämlich weitere Gefahren wie Starkniederschläge, Hagel oder extreme Windböen, bis hin zu Tornados, den unglaublich starken Wirbelwinden, in deren unmittelbarer Nähe kein Stein auf dem anderen bleibt. Nur gut, dass wir die Warnsignale frühzeitig sehen bzw. hören können, um uns rechtzeitig in Sicherheit zu bringen. Ich finde es überaus nett von einem Gewitter, dass es seinen Besuch ankündigt.

Eine andere Art der Kommunikation, mit der sich Wolken uns verständlich machen, besteht in ihrer Farbe, die zwischen hell und dunkel alle Graustufen annehmen kann. Und die Helligkeit einer Wolke gibt uns Auskunft darüber, ob wir mit Regen oder gar einem Unwetter rechnen müssen oder ob es sich nur um eine Schönwetterwolke handelt. Das finde ich ebenfalls sehr nett von den Wolken. Schneeweiße Wolken vor einem blauen Himmel sind harmlos und zudem wunderschön. Ein strahlend blauer Himmel ganz ohne Wolken wäre irgendwie langweilig, finden Sie nicht auch? Je dunkler eine Wolke erscheint, umso mehr muss man fürchten, ein unfreiwilliges Bad zu nehmen. Wenn ich bei wechselhaftem Wetter mit dem Fahrrad unterwegs bin, richtet sich mein Blick daher des Öfteren nach oben, um die Graufärbung der Wolken zu überprüfen und gegebenenfalls nach einer Unterstellmöglichkeit Ausschau zu halten. Falls sich der Tag sogar verdunkelt, fahre ich erst gar nicht los, denn ein heftiges Unwetter droht. Diese Botschaft ist unmissverständlich und wir alle verstehen sie sehr gut.

Nun wollen wir uns aber der Wolkenkunde als Wissenschaft zuwenden. Als ihr Begründer bei uns auf der Erde gilt der Pharmakologe Luke Howard (1772–1864). Er ist so etwas wie der „Godfather of the clouds“, der Pate der Wolken. Interessanterweise erhielt er keine umfassende naturwissenschaftliche Ausbildung, schon gar keine meteorologische. Howard zeigte jedoch schon früh ein starkes Interesse für die Natur; seine Neugier galt insbesondere den Wolken. Sehr prägend für den jungen Howard waren vermutlich die ungewöhnlichen Himmelserscheinungen des Jahres 1783, die man nach den Ausbrüchen der Vulkane Laki (Island) und Asama (Japan) beobachtete. Durch den Eintrag vulkanischer Partikel bis in hohe Atmosphärenschichten kam es auf der gesamten Nordhalbkugel zu beeindruckenden Farbeffekten, die bei der Anwesenheit von Wolken schlicht atemberaubend sind. Ich erinnere mich selbst noch sehr gut.

Nein! Halt! Stopp! Ich bitte Sie, nicht an das Jahr 1783, so alt bin ich nun auch nicht, sondern an das Jahr 1991. An die Zeit nach dem Ausbruch des philippinischen Vulkans Pinatubo im Juni, als ich viele Monate danach phantastische Sonnenuntergänge bewundern konnte. Bei explosiven Vulkaneruptionen können neben Asche und Staub große Mengen von *Schwefeldioxid* bis in die Stratosphäre gelangen, bis in Höhen von zwanzig bis dreißig Kilometern, aus denen sich mikroskopisch kleine Schwefelsäuretröpfchen bilden. Während die vulkanischen Staub- und Ascheteilchen nur wenige Wochen in der Atmosphäre verweilen, können sich die Schwefelsäuretröpfchen über mehrere Jahre in der Stratosphäre halten. Und genau deswegen sind sie nicht nur optisch interessant, sondern auch für das Klimageschehen. Wie alle anderen Teilchen in der Atmosphäre, egal ob fest oder flüssig, behindern die Teilchen vulkanischer Herkunft das Sonnenlicht auf seinem Weg zur Erdoberfläche und wirken dadurch abkühlend. Jedoch fallen sie ganz besonders auf, weil sie sich in großer Höhe befinden. Dort interagieren sie mit dem Sonnenlicht, lange nachdem tiefere Schichten der Atmosphäre bereits im Dunkeln liegen. Und daraus erklären sich die phantastischen Farbspiele nach starken Vulkanausbrüchen, die uns Menschen immer wieder faszinieren.

Ein eindrucksvoller Meteorit am 18. August im Jahr 1783 beflügelte vermutlich ebenfalls Howards Interesse an den Naturwissenschaften. Nach seiner Schulzeit in Oxford kehrte der fünfzehnjährige Howard zurück zu seinen Eltern nach London und begann eine Lehre als Apotheker. Er studierte aber auch zugleich Chemie, Botanik und Französisch. Howard gründete 1807 ein Unternehmen zur Herstellung pharmazeutischer Chemikalien. Die Labore übergab er jedoch bald seinem Sohn, um sich stärker der Betrachtung der Natur zu widmen. Obwohl die Meteorologie für ihn nur eines seiner zahlreichen Hobbys darstellte, war sie doch das Gebiet, das ihn am meisten faszinierte. Howard wurde und blieb bis zu seinem Lebensende ein leidenschaftlicher „Amateur-Meteorologe“.

Internationale Berühmtheit erlangte Howard mit seinem Vortrag „Über die Modifikationen der Wolken“, den er 1802 in London hielt und 1803 im Philosophical Magazine XVI, einem englischen Wissenschaftsmagazin, veröffentlichte. Darin beschrieb er nicht nur seine Beobachtungen der Wolken und ihrer Formen, sondern auch ein System zur Klassifizierung der Wolken und Überlegungen zur ihrer Entstehung und Veränderung.

Seine Ausführungen zu der Formveränderung von Wolken sind auch heute noch ein Grundpfeiler für die phänomenologische Wettervorhersage. Vor Howards Arbeit galten die Wolken in der Wissenschaft als zu komplex und von zu kurzer Lebensdauer, um ihnen Namen zu geben und sie zu kategorisieren. Howards Forschungen verbreiteten sich schnell und fanden zahlreiche Unterstützer. Im Jahr 1821 wurde er wegen seiner Verdienste in die Royal Society aufgenommen, diesem Club der „Einsteins“, dem viele der großen Wissenschaftler wie Isaac Newton oder George Hadley angehörten. Wer der Royal Society angehört, der hat einen festen Platz in der Wissenschaft, auch nach seinem Tode.

Die erste Wolken-Klassifikation mit lateinischen Bezeichnungen geht ebenfalls auf Luke Howard zurück. Und sie gilt praktisch noch heute. Bei der Wolkenentstehung unterscheidet man zwischen drei Wolkengrundarten, die man mit lateinischen Namen belegt: *Cumulus*, die Haufen- oder Quellwolke, *Stratus*, die Schichtwolke, und *Cirrus*, die Federwolke. Dabei ist der Name Programm, denn im Lateinischen bedeuten die drei Begriffe: Haufen, bedeckt und Haarlocke. Cumulus-Wolken sind kleinräumig und entstehen durch Aufsteigen erwärmter Luft. Die Schönwetterwolken gehören zu ihnen. Die bekannteste unter den Cumulus-Wolken ist die Gewitterwolke *Cumulonimbus*. Weil sie keine große horizontale Erstreckung besitzt, kann es durchaus passieren, dass es bei Ihnen zu Hause heftig regnet oder vielleicht sogar hagelt, bei Ihren Bekannten ein paar Kilometer entfernt jedoch die Sonne scheint.

Der Stratus ist großräumiger und entsteht oftmals durch Aufgleiten von Luftmassen an Warmfronten. Er ist eine strukturlose Schichtwolke, welche meist für eine ruhige Wetterlage steht, aber auch Bote für Schlimmeres sein kann. Liegt die Untergrenze des Stratus tiefer als einige hundert Meter, wird er auch als Hochnebel bezeichnet. Sobald die Untergrenze die Erdoberfläche erreicht, spricht man dann von Nebel. Sein Vetter, der *Nimbostratus*, ist die typische Schlechtwetter-Regenwolke. Aus ihr fällt häufig Niederschlag in Form von Sprühregen oder Schneegrieseln, aber auch der ausgiebige Landregen.

Der Cirrus schließlich ist den hohen Wolken zuzuordnen, und da in der Troposphäre die Temperatur mit der Höhe abnimmt, besteht er aus Eiskristallen. Diese Federwolken treten in Form von filigranen Gebilden in großer Höhe auf, als schimmernde Bänder oder auch leuchtend weiße Fäden. Ihren deutschen Namen verdanken sie der Ähnlichkeit mit einer Feder, da die Winde in der Höhe ihre Ränder ausfransen lassen. Außerdem klassifiziert man die Wolken in der Troposphäre nach ihrer Höhe in tiefe, mittelhohe oder hohe Wolken. In den mittleren Breiten gelten alle Wolken unterhalb von zwei Kilometern Höhe als tief, jene, die in Höhen von zwei bis sieben Kilometern vorkommen, als mittelhoch, und alle, die in Höhen oberhalb von sieben Kilometern vorkommen, als hohe Wolken. In den meisten Regionen treten bestimmte Wolkenarten gehäuft auf, besonders bei ähnlichen Wetterlagen. Dennoch können nahezu an allen Stellen der Erde sämtliche Wolkenformen vorkommen.

In ihrer Entstehung und auch ihren Eigenschaften sind Wolken recht unterschiedlich. Aber genau diesen Sachverhalt kann man ausnutzen. Sie stellen nämlich leicht beobachtbare Merkmale der Wetterlage dar. Durch die richtige Deutung von Form, Aussehen und Höhe sowie der zeitlichen Veränderung der Merkmale von Wolken lassen sich Aussagen zur lokalen Wetterentwicklung treffen. Insofern kann man hin und wieder durchaus durch bloßes In-den-Himmel-Schauen eine Wetterprognose wagen.

Ich werde beispielsweise immer dann unruhig, wenn ich etwas im Freien plane und am Tag vorher hohe Federwolken entdecke, oftmals ein Anzeichen für das Herannahen eines Tiefdruckgebietes. Dann schaue ich mir schnell das Satellitenbild im Internet an, um zu sehen, ob wirklich ein Tief naht oder ob ein entferntes Tief uns nur signalisiert, dass es existiert, aber keine Absicht hegt, uns zu besuchen. Ja, und wenn wirklich ein Tief naht und uns am nächsten Tag eine Stippvisite abstattet, dann bleibt noch das aktuelle Radarbild, auf dem ich die Niederschläge, aber auch die Regenlücken erkennen kann. Der Radarfilm der letzten Stunden erlaubt es sogar jedem von Ihnen, eine Kurzfristwettervorhersage zu probieren, denn er versetzt Sie in die Lage, zu erkennen, wohin sich die Niederschlagsgebiete verlagern. Die Filme sind frei verfügbar und Sie können sie sich kostenlos im Internet ansehen. Das klappt meistens ganz gut. Aber leider nicht immer. Hin und wieder sieht man auf dem Radarbild kein Regenecho und kommt trotzdem klatschnass nach Hause. Nieselregen kann ziemlich ergiebig sein, das kann ich

Ihnen aus leidvoller Erfahrung sagen. Das Regenradar „sieht“ ihn allerdings nicht, wenn die Tröpfchen zu klein sind, um ein messbares Signal zu erzeugen.

Luke Howard inspirierte mit seiner Arbeit nicht nur Wissenschaftler, sondern auch die Künstler seiner Zeit. Der Maler Casper David Friedrich und der Schriftsteller Johann Wolfgang von Goethe waren von der Arbeit des Engländers beeindruckt. Goethe hielt völlig zu Recht die Arbeiten Howards für bahnbrechend. Er, Goethe, war bekanntlich fest davon überzeugt, dass die Empirie, also Erfahrungswissen, der Schlüssel zum Verständnis der Naturprozesse sei. Daraus erklärt sich seine Begeisterung für Howards Abhandlungen, hatte er doch erstmals eine empirisch begründete Systematik der Wolken vorgelegt. Goethe war von dem Wolkensystem so sehr angetan, dass er 1821 Howard sogar eine Lobrede mit dem Titel „Howards Ehrengedächtnis“ widmete. Und es lohnt sich, den kurzen Text zu lesen. Denn erst dann werden Sie wissen, was Wertschätzung bedeutet. Wenn jemand Ihnen einen derartigen Text widmen sollte, können Sie sich wirklich etwas darauf einbilden. Hier ist er:

„Er aber, Howard, gibt mit reinem Sinn
Uns neuer Lehre herrlichsten Gewinn;
Was sich nicht halten, nicht erreichen läßt,
Er faßt es an, er hält zuerst es fest;
Bestimmt das Unbestimmte, schränkt es ein,
Benennt es treffend! – Sei die Ehre dein! –“

Wir haben uns bisher in vielerlei Hinsicht mit den Wolken beschäftigt. Aber eine Frage haben wir uns noch gar nicht gestellt: Wie entstehen sie eigentlich? So viel ist klar: Eine Änderung der Größen Temperatur bzw. Dichte und Luftfeuchtigkeit einer Luftmasse ist für die Entstehung und Auflösung von Wolken verantwortlich. Niedrige Temperaturen oder eine große Anzahl Wassermoleküle, d. h. ein hoher *Wasserdampf-*

druck, was gleichbedeutend mit einer hohen *relativen Luftfeuchtigkeit* ist, begünstigen die Entstehung einer Wolke. Deswegen können wir fast darauf wetten, dass bei schwülwarmem Wetter zumindest Wolken, wenn nicht sogar Gewitter entstehen.

Und wieder einmal spielt die Konvektion eine entscheidende Rolle. Eine Wolke entsteht beispielsweise, wenn warme und hinreichend feuchte Luftmassen aufsteigen, sich abkühlen und es zur Kondensation kommt, d.h. sich Wassertröpfchen bilden, sobald die Temperatur den *Taupunkt* erreicht. Es kann aber auch eine Destabilisierung, eine *Labilisierung*, einer Luftsäule von oben zur Wolkenbildung führen, wenn nämlich sehr kalte Luft in der Höhe einströmt. In diesem Fall setzt ebenfalls die Konvektion ein, denn entscheidend ist der Temperaturunterschied zwischen unten und oben. Falls extrem kalte arktische Luft in der Höhe vorstößt, kann es selbst in unseren Breiten im Winter Gewitter geben. Hebungsprozesse in der Atmosphäre begünstigen die Wolkenbildung, wie etwa der Durchzug von Kalt- und Warmfronten, wodurch Luftmassen in höhere Schichten gelangen können. Die Niederschläge in unseren Breiten sind meistens an diese Fronten gebunden. Auch die Überströmung von Gebirgen kann zur Wolkenbildung führen.

Es können sich hinter ihnen *Wellen* bilden, in deren Aufwindbereichen die Wolken entstehen. Wellen sind uns vom Meer geläufig, und sie sind auch in der Atmosphäre nichts Außergewöhnliches. Sie entstehen durch vielfältige Prozesse und sind oftmals als regelmäßige Wolkenstrukturen erkennbar. Man kann gelegentlich regelrechte *Wolkenstraßen* am Himmel beobachten, das sind parallele Bänder mit und ohne Wolken. Vielleicht haben Sie sich schon einmal über die recht regelmäßigen Wolkenformationen am Himmel gewundert. Ihre Ursache sind Wellen. Ich habe übrigens meine Diplomarbeit über Wolkenstraßen verfasst und die Bedingungen für deren Auftreten untersucht.

Der Wasserdampf ist als Gas unsichtbar, wir sehen immer nur die Kondensationsprodukte, entweder die flüssige Phase des Wassers oder, bei höheren Wolken bzw. sehr niedrigen Temperaturen, das Eis. Wussten Sie eigentlich, dass die Regenwolken in unseren Breiten eigentlich immer Eis besitzen? Und das soll auch so sein. Der segensreiche Regen bildet sich bei uns nämlich immer aus den Eiskristallen, an denen sich die Wassertröpfchen anlagern.

Die Wolken, in denen die Temperaturen oberhalb von etwa minus 15 Grad Celsius liegen, produzieren den sogenannten *warmen Regen*. Ja, Sie haben richtig gehört. Den warmen Regen gibt es wirklich, aber nicht den, den Sie vermutlich meinen. Nein, der „richtige" warme Regen hat nichts mit Geld zu tun und auch nichts mit warmen Temperaturen im eigentlichen Sinne. Bei dem warmen Regen, den ich hier meine, kollidieren die Wolkentröpfchen und verschmelzen miteinander, sodass schließlich millimetergroße Tropfen entstehen. Und die sind dann zu schwer, um von den turbulenten Bewegungen im Inneren der Wolken am Schweben gehalten zu werden. Die Tropfen beginnen zu fallen, es fängt zu regnen an.

Allerdings entstehen nur etwa zwanzig Prozent der weltweiten Niederschläge durch warmen Regen. Beim Rest sind die in *kalten Wolken* vorkommenden Eisteilchen involviert: Eiskristalle, Schneeflocken, Graupel- und Hagelkörnchen.

Eine wichtige Rolle bei der Entstehung der Niederschläge spielen daneben die *unterkühlten Wassertröpfchen*, also Tröpfchen, die auch bei Erreichen des Gefrierpunkts flüssig bleiben. Die kalten Wolken sind wirklich kalt, vor allem im Vergleich zu ihren „Warmduscher-Schwestern". Die in ihnen gemessenen Temperaturen erreichen Werte von minus 40 bis minus 60 Grad Celsius, in den Tropen sogar von bis zu minus 90 Grad Celsius.

Nach dem Abkühlen auf oder unter den Taupunkt bilden sich aus dem Wasserdampf winzige Wassertröpfchen oder in großer Höhe auch winzige schwebende Eiskristalle. Kleinste Dunsttröpfchen können sich bereits bei einer relativen Feuchte von nur achtzig Prozent bilden. Wolkentropfen benötigen so etwas wie eine Keimzelle. Eine Wolke enthält nicht nur Wasser in den verschiedenen Phasen, sondern auch *Aerosole*, das sind die feinen Teilchen in der Luft, gewissermaßen der Dreck. Und diese Teilchen dienen als *Kondensationskerne*, an denen sich das Wasser anlagert. Erst das Vorhandensein einer ausreichenden Anzahl von Kondensationskernen ermöglicht überhaupt die Wolkenbildung in der Erdatmosphäre. Solche Keime können Staubkörnchen sein, aber auch Pollen oder – über dem Meer – Salzkristalle. Über den Ozeanen ist häufig *Dimethylsulfid* (DMS) für die Wolkenbildung verantwortlich, welches bei Zersetzungsprozessen von Algen entsteht.

„Selbst der Dreck macht einen Sinn auf der Erde", murmelt Marslene vom Anderen Stern vor sich hin, wenn sie über die Wolkenbildung auf unserem Planeten nachdenkt. „Staub haben wir ja genügend auf dem Mars", denkt sie. „Aber wie bekommen wir bloß das Wasser hierher? Wer weiß, vielleicht fällt uns irgendwann etwas ein. Oder den Erdenmenschen."

Wenn Teilchen welcher Art auch immer an der Tropfenbildung beteiligt sind, spricht man von *heterogener* Kondensation. Der andere Fall, ohne die Beteiligung von „Fremdkörpern", wäre die *homogene* Kondensation. Sie ist sozusagen die reine Lehre. Wie so oft jedoch ist die reine Lehre irrelevant, zumindest in der realen Welt. Luft kann in Abhängigkeit von der Temperatur immer nur eine begrenzte Menge an Wasserdampf aufnehmen. Ist die maximal mögliche Wasserdampfmenge erreicht, so ist die Luft gesättigt und besitzt eine relative Feuchte von 100 Prozent. In Laborversuchen kann man das Fehlen jeglicher Kondensationskerne in der Luft simulieren, was zur Folge hat, dass die Kondensation nur durch zufällige, spontane Tröpfchenbildung erfolgen kann.

Allerdings erfolgt die Kondensation durch spontane Tröpfchenbildung erst bei einer ausreichend hohen *Übersättigung*. In Laborversuchen bedarf es einer Übersättigung der Luft von bis etwa 800 Prozent, bevor es zu der homogenen Kondensation des überschüssigen Wasserdampfes kommt. Erst dann ist die Wahrscheinlichkeit für das Zusammenfinden genügend vieler Wassermoleküle groß genug, damit sich ein Tropfen bilden kann.

Wolkentropfen möchten nicht gern zu Eis erstarren. Wer will das schon? Auch bei Temperaturen unter dem Gefrierpunkt befindet sich noch ein Großteil der Wolkentröpfchen im flüssigen Zustand. Selbst beim Absinken der Temperatur bis etwa minus 12 Grad Celsius bilden sich meist noch keine Eiskristalle, sodass die Wolke immer noch aus unterkühlten Wassertropfen besteht. Ebenso können gelöste Stoffe innerhalb des Tropfens den Gefrierpunkt erniedrigen wie auch eine Senkung der Kondensationstemperatur bewirken. Bei einem weiteren Absinken der Temperatur nimmt der Eisanteil immer weiter zu, bis bei etwa minus 40 Grad Celsius nur noch Eiskristalle vorliegen. Auch die Kondensstreifen hinter den Flugzeugen sind im Prinzip Eiswolken. Sie bilden sich durch die geringen Mengen Wasserdampf, die bei der Verbrennung des Kerosins neben Kohlendioxid, Stickoxiden und Ruß entstehen. Der Wasserdampf kondensiert dann wegen der niedrigen Temperaturen sofort und gefriert oder lagert sich an bereits bestehende Eispartikel an.

Das Wasser in unserer Atmosphäre scheint ziemlich faul zu sein. Auch zum Gefrieren benötigt es eine Art Geburtshelfer, die sogenannten Gefrierkerne. Ähnlich wie die Kondensationskerne sind sie winzige Partikel aus Staub, Salzkristallen oder sonstigen Verunreinigungen. An der Erdoberfläche wimmelt es nur so von diesen mikroskopisch kleinen Partikeln, in der Luft sind sie allerdings mit zunehmender Höhe rar gesät. Daher ist es völlig normal, dass in einer Wolke mit lauter

„gefrierwilligen“ Wassertröpfen nicht genug Kristallisationskerne vorhanden sind. Das Wasser ist daher gezwungen, flüssig zu bleiben. Doch die kleinen Wolkentröpfchen sind zu klein und leicht, um direkt als Niederschlag zur Erde zu fallen. Sie müssen zunächst gefrieren und anwachsen, um schwer genug zu werden. Je tiefer die Temperatur, also je höher die Luftmassen steigen, desto einfacher wäre es für die Wassermoleküle, sich an die Gefrierkerne anzulagern.

Sobald sich in der Höhe die ersten Eiskristalle bilden, wachsen diese „explosionsartig“ an. Von nun an „saugt“ das Eis die Feuchtigkeit geradezu aus der Luft auf und lässt gleichzeitig Wolkentröpfchen verdunsten. In der Wolke verkleben nun die immer größer werdenden Eiskristalle untereinander und wachsen zu Schneeflocken oder Graupelkörnern heran. Sobald die Schwerkraft die Stärke der Aufwinde übersteigt, sinken diese aufgrund ihres Eigengewichts zu Boden und sammeln dabei durch *Koagulation* – so nennt man das Zusammenstoßen von Eispartikeln und Tröpfchen – mehr und

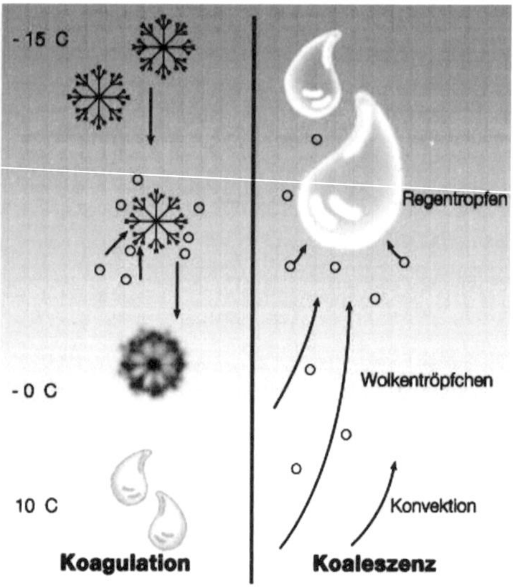

mehr Tropfen ein: Es beginnt zu regnen. Generell gilt in unseren Breiten, dass fast jeder Regentropfen – auch an wärmsten Sommertagen – in der Höhe zuvor aus Eis bestanden hat.

Eine Ausnahme von der Regel bildet der Ihnen inzwischen bekannte warme Regen wie beispielsweise der Nieselregen, der nicht die Eisphase durchlaufen muss, sondern durch das direkte Zusammenschmelzen von Wolkentröpfchen entsteht. Dieser Prozess der *Koaleszenz* zwischen den Wolkentröpfchen ist ein sehr mühsames und langwieriges Geschäft, da sich das Tropfenwachstum und die gleichzeitige Verdunstung fast die Waage halten. Und genau deswegen hat sich die Natur in unseren Breiten den Umweg über die Eisphase ausgedacht, das Wechselspiel der Eisteilchen mit den Wassertröpfchen.

„Und schon wieder so ein perfekt eingestelltes System", sagen Marslene vom Anderen Stern und Mars-Peter Erdmann zueinander, wenn die beiden sich mal wieder über die „Verbesserung" des Marsklimas unterhalten. Und nebenbei sorgen die Wolken auch noch für einen vertikalen Wärmeaustausch. Denken Sie an einen heißen Sommertag. Die warme Luft steigt auf und nimmt das verdunstete Wasser mit. Die Verdunstung kühlt die Oberfläche, die Wärme ist jedoch als latente Wärme gespeichert. Wenn die Luft hoch genug aufsteigt, kondensiert das Wasser, und die latente Wärme wird wieder frei. Die Kondensationswärme ist daher doppelt wichtig. Zum einen sorgt sie für einen vertikalen Wärmeaustausch, zum anderen dafür, dass die Luft weiter aufsteigen kann, da diese infolge des Freiwerdens der als latente Wärme gespeicherten Energie wärmer als die Umgebungsluft ist. Nur so kommt es zu hoch reichender Wolkenbildung mit starken Aufwinden, die schließlich die Niederschlagsbildung ermöglichen und die willkommene Abkühlung dazu.

Und die Aufwinde können es in sich haben. Sie können durchaus bis zu dreißig Meter pro Sekunde oder etwa 100 Kilometer pro Stunde erreichen. Selbst große Flugzeuge werden von ihnen wie Spielzeuge durch die Luft gewirbelt.

Die Aufwinde sind ein wichtiger Faktor für die Hagelbildung. Der Hagel ist eine Form des Niederschlags, das wissen Sie natürlich, die aus Eis besteht. Zur Abgrenzung spricht man erst bei einem Durchmesser von über 0,5 Zentimetern von Hagel, darunter von Graupel. Bei Aggregaten von Schneeflocken mit einem Durchmesser unter einem Millimeter spricht man von Schneegrieseln. Die in den Hagelwolken ablaufenden Gefrierprozesse haben eine stetige Massenzunahme der Hagelkörner zur Folge. Ohne einen Aufwind würden sie durch die Schwerkraft absinken, sich aus der Wolke verabschieden und als Regen enden. Welch eine Schmach für ein Hagelkorn!

Die Aufwinde innerhalb einer Gewitterwolke sind jedoch unterschiedlich stark, weswegen Eispartikel im Kreis laufen können. Zunächst werden sie durch den Aufwind angehoben und wachsen, danach fallen sie wieder in tiefere Luftschichten, nehmen weiteres Wasser auf, werden abermals nach oben gerissen, und zusätzliches Wasser gefriert an ihnen. Dieser Vorgang wiederholt sich so lange, bis ein Hagelkorn zu schwer ist, um noch von den Aufwinden getragen zu werden. Das Auf und Ab innerhalb der Wolke erklärt die Schalenstruktur der Hagelkörner, die man im Querschnitt deutlich erkennen kann. Die Größe der Hagelkörner liefert Rückschlüsse auf die Windstärke im Inneren einer Gewitterwolke, was umgekehrt auch zur Prognose von Hageldurchmessern dienen kann. Tennisballgroße Hagelkörner von bis zu zehn Zentimetern Durchmesser hat man bereits gefunden.

„Ja, ja, der Hagel“, denkt Marslene vom Anderen Stern. „Er macht nun wirklich keinen Sinn. Hagel zerstört Pflanzen, zum Teil ganze Ernten und Gewächshäuser. Und manchmal muss sogar das liebste Kind vieler Erdenmenschen daran glauben, das Auto.“ Das stimmt, liebe Marslene. Was kann ich Ihnen da noch entgegnen? Vielleicht nur so viel: Es gibt eben kaum eine Medizin ohne Nebenwirkungen. Insgesamt überwiegen jedoch die Vorteile der Wolken ihre Nachteile bei

Weitem. Denn eines ist doch klar: Ohne die Wolken gäbe es keine lebensfreundlichen Bedingungen auf der Erde.

Anzutreffen sind Wolken hauptsächlich in der Wetterschicht, der Troposphäre, zum Teil auch in der Stratosphäre und sogar als *leuchtende Nachtwolken* im dritten Stockwerk der Atmosphäre, der *Mesosphäre*, die von fünfzig bis in gut achtzig Kilometer Höhe reicht. Leuchtende Nachtwolken sind silbrigweiße dünne Wolken, die Sie in manchen Sommernächten in Nordrichtung am Horizont sehen können. Die leuchtenden Nachtwolken treten in Höhen von ca. achtzig bis fünfundachtzig Kilometern auf, am oberen Rand der Mesosphäre, der *Mesopause*. Sie können sie nur sehen, wenn die Sonne zwischen 6 und 16 Grad unter dem Horizont steht. Dann werden die leuchtenden Nachtwolken noch von der Sonne beschienen, während der Himmel sonst bereits dunkel ist.

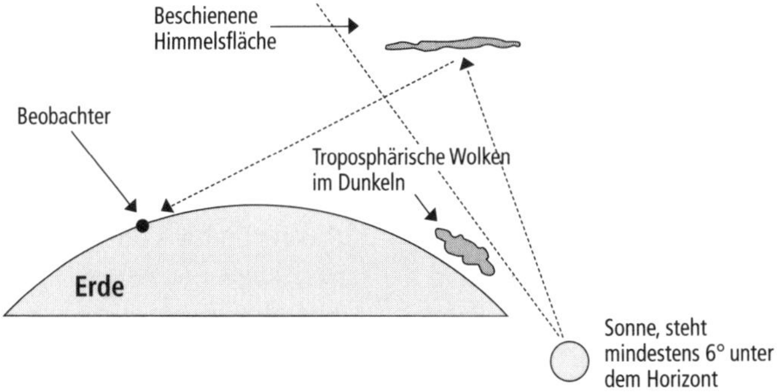

Für die Entstehung der leuchtenden Nachtwolken muss die Temperatur sehr niedrig sein. Ich meine wirklich sehr niedrig, etwa minus 140 Grad Celsius. Diese Extremtemperatur kann sich zwischen Mitte Mai und Mitte August einstellen. Vor allem im Juni und Juli sind die leuchtenden Nachtwolken zu sehen.

Es scheint zunächst etwas paradox, dass wir die leuchtenden Nachtwolken nur im Sommer beobachten. Das liegt nicht nur am Stand der Sonne und den damit zusammenhängenden Beleuchtungsverhältnissen; die tiefsten Temperaturen werden in der Mesosphäre tatsächlich zwischen Mai und August erreicht. In der Mesosphäre treten zeitweise starke atmosphärische Turbulenzen und Strömungen auf. Sie bewirken eine schnelle Durchmischung der Gase, die aus der unteren Atmosphäre aufsteigen und auch Wasserdampf von der Stratosphäre durch die Mesosphäre zur sehr kalten Mesopause transportieren, wo sie sich an die vorhandenen Gefrierkeime anlagern. Durch die Vertikalbewegungen können lokal und zeitlich begrenzt deutlich tiefere Temperaturen gegenüber der normalerweise in der Mesopause vorherrschenden Temperatur von „nur" etwa minus 85 Grad Celsius entstehen.

Die leuchtenden Nachtwolken helfen möglicherweise, ein bisher rätselhaftes Phänomen zu erklären, das sich vor fast genau 100 Jahren ereignete. Am 30. Juni 1908 verwüstete eine Detonation eine riesige Waldfläche in Sibirien. Die genaue Ursache des *Tunguska-Ereignisses* ist bis heute allerdings unklar. Damals wurden über tausend Quadratkilometer Wald zerstört, Fensterscheiben eingedrückt und selbst in weiter Entfernung noch Feuerschein und Druckwellen registriert. Die Explosion konnte in einem Umkreis von bis zu 1000 Kilometern gehört werden, und die seismischen Erschütterungen wurden rund um den ganzen Globus registriert. In noch ca. 700 Kilometern Entfernung brachten die erdbebenähnlichen Erschütterungen die Transsibirische Eisenbahn beinahe zum Entgleisen. Ein derartiges Szenarium entspricht in etwa der Sprengkraft von zehn bis 15 Megatonnen des Sprengstoffes TNT, gleichbedeutend mit etwa der tausendfachen Sprengkraft der Atombombe „Little Boy", welche die USA 1945 über Hiroshima abgeworfen haben. Die Explosionshitze war noch in 65 Kilometern Entfernung so stark, dass sich ein Bauer das Hemd vom Leib riss, weil er glaubte, dass es brenne. So zumindest heißt es in Überlieferungen. Augenzeugen sahen ein längliches Objekt vom Himmel herabfallen, das in bläulich weißem Licht leuchtete. Einer zwanzig Kilometer hohen Lichtsäule folgte eine schwarze pilzförmige Wolke. In den darauffolgenden drei Nächten war es in ganz Europa so hell, dass man im Freien Zeitung lesen konnte. In Kalifornien wurde eine lang anhaltende Verringerung der Sonnenstrahlung gemessen. Es gibt nur schwache Hinweise auf einen Einschlagkrater und keine Meteoriten, die bei der Lösung des Rätsels helfen könnten. Wissenschaftler vermuten daher, dass ein Himmelskörper als mögliche Ursache, was immer er war, bereits in der Atmosphäre explodiert sein musste.

Die Starts des Space Shuttles der NASA haben jüngst Hinweise darauf geliefert, dass ein Komet der Auslöser gewesen sein könnte. Aber was hat eigentlich eine moderne Raumfähre mit tausenden von umgeknickten Bäumen in Sibirien vor gut 100 Jahren zu tun? Viel mehr als man zunächst denken mag. US-amerikanische Wissenschaftler haben nämlich Beobachtungen nach dem Start des Shuttles mit Berichten aus dem Jahr 1908 verglichen und dabei verblüffende Parallelen festgestellt. Leuchtende Nachtwolken beobachtete man sowohl nach verschiedenen Shuttle-Starts als auch nach der Tunguska-Explosion. Eine Erklärung wäre, dass bei der damaligen Explosion ähnlich wie beim Shuttle-Start eine große Menge Wasserdampf in die Atmosphäre gelangt war. Derartige Wassermengen könnten nur von hauptsächlich aus Eis bestehenden Kometen freigesetzt werden, nicht aber von felsartigen Asteroiden. Das könnte tatsächlich des Rätsels Lösung sein. Der Komet müsste demnach bereits in der Höhe auseinandergebrochen sein und dabei sein Wasser freigesetzt haben. Anschließend verfrachteten die starken Winde in der Mesosphäre oder der darüberliegenden *Thermosphäre* die Eispartikel mit einer Geschwindigkeit von mehreren hundert Kilometern pro Stunde und trugen sie vom Ort ihrer Freisetzung fort. Und dies erklärt auch, warum die leuchtenden

Nachtwolken erst später und weit entfernt vom eigentlichen Ort der Explosion aufgetreten sind.

„Das ist schon hoch interessant", denkt Marslene vom Anderen Stern, als sie mal wieder darüber nachdenkt, wie man dem Mars ein lebensfreundlicheres Antlitz verleihen könnte. „Die Erde ist ein tolles Labor, in dem man die verschiedensten Phänomene studieren kann. Abhängig davon, in welchem Stockwerk sich die Wolken befinden, erzeugen sie völlig unterschiedliche Phänomene. Ganz unten sind sie Teil des Wettergeschehens und bringen den so wichtigen Regen. In der Mitte, in der Stratosphäre, sind sie beispielsweise in Form der *Polaren Stratosphärenwolken* im Zusammenspiel mit den von den Erdenmenschen freigesetzten FCKW an der Zerstörung der Ozonschicht beteiligt, und darüber erfreuen die Wolken die Erdenmenschen durch prächtige Farbspiele. Die Wolken benötigen wir auf jeden Fall auf dem Mars, um ihn bewohnbar zu machen und vor allem auch hübscher, denn sie sind ja wirklich schön anzusehen, gerade nachts." Ja, die Wolken sind schön, und allein dieser Sachverhalt rechtfertigt ihre Existenz.

Die Wolken sind in vielerlei Hinsicht wichtig: für den Strahlungshaushalt der Erde, die Niederschlagsverteilung und die Atmosphärenchemie. Die Strahlungseigenschaften von Wolken sind sehr komplex, und wir wollen uns an dieser Stelle etwas ausführlicher mit ihnen beschäftigen.

Vorher aber noch etwas über Strahlung selbst: Die Strahlung, die wir Sonnenlicht nennen, besteht aus unterschiedlichen Arten von Strahlen verschiedener Wellenlängen. Da sind zum einen die Wellenlängen des sichtbaren Lichtes, die Farben, die wir zusammengenommen als Weiß sehen. Daneben gibt es auch noch das sehr kurzwellige ultraviolette Licht und die recht langwellige infrarote Strahlung, die das menschliche Auge beide nicht wahrnimmt. Einige Tiere können allerdings ultraviolettes Licht sehen, beispielsweise die Bienen, damit sie gelbe Töne besser voneinander unterscheiden können. Das hilft beim Nektarsammeln. Für unsere Augen ist die ultraviolette Strahlung hingegen schädlich. Andere Tiere vermögen infrarotes Licht zu sehen, wie etwa einige Schlangenarten, sie besitzen so etwas wie eine eingebaute Wärmebildkamera. Wir Menschen können die Infrarotstrahlung zwar nicht sehen, aber wir fühlen sie als Wärme. Die Bedeutung der Infrarotstrahlung für das Klima haben wir bereits im Zusammenhang mit dem Treibhauseffekt kennengelernt.

Die Atmosphäre, die Meere, das Land, das Eis und vor allem die Wolken reflektieren entsprechend der Helligkeit ihrer Oberfläche, ihrer Albedo, einen Teil des Sonnenlichtes zurück ins Weltall – der Grund dafür, dass Astronauten die Erde überhaupt sehen können. Ein *schwarzes Loch* hingegen ist unsichtbar, weil es wegen seiner unglaublich starken Schwerkraft selbst das Licht verschluckt. Etwa siebzig Prozent der auf die Erde einfallenden Sonnenenergie kommen an der Erdoberfläche an und werden überwiegend von ihr aufgenommen. So wie sich unsere Haut erwärmt, wenn die Sonne scheint, so erwärmt sich auch die Erde und sendet ihrerseits infrarote Wärmestrahlung zurück. Das tun wir auch, und deswegen kann man uns nachts mit einer Wärmebildkamera „sehen". Würde alle von der Erdoberfläche ausgehende Infrarotstrahlung rückhaltlos ins Weltall abgegeben, betrüge die mittlere Temperatur auf der Erde nur minus 18 Grad Celsius. Diesen Sachverhalt kennen wir bereits. Nur die Pinguine oder die Eisbären würden sich bei solchen Temperaturen noch wohlfühlen. Für mich wäre ein derart kaltes Klima nichts und für viele von Ihnen, liebe Leserinnen und Leser, sicherlich auch nicht. Dank des Treibhauseffektes ist unser Planet an seiner Oberfläche so schön mild.

Wolken bedecken unseren Planeten etwa zur Hälfte. Auch sie bewirken einen Treibhauseffekt. Wenn eine Wolke die von der Erdoberfläche kommende Infrarotstrahlung absorbiert, sendet sie einen Teil der Energie dieser Strahlung in den

Weltraum. Einen anderen Teil sendet sie – so wie die Treibhausgase – zurück an den Absender und erwärmt dadurch die Erdoberfläche. Aus diesem Grund haben Wolken die Möglichkeit, den Temperaturunterschied zwischen Tag und Nacht zu verringern. Am Tag erwärmt sich der Erdboden durch die einfallende Sonnenstrahlung. Je weniger Wolken in der Atmosphäre sind, umso mehr wird die Oberfläche erwärmt. In einer klaren Nacht ohne Wolken verlässt der Hauptteil der Infrarotstrahlung die Erde in Richtung des Weltraums, und die Erdoberfläche kühlt sich ab. Klare Winternächte können deswegen ziemlich ungemütlich sein. Ist der Himmel jedoch bewölkt, fangen die Wolken einen Teil der Strahlung auf und senden sie teilweise zur Erdoberfläche zurück. Daher ist die Temperatur über dem Boden höher, als dies ohne Wolken der Fall wäre. In der Wüste beispielsweise schwankt die Temperatur zwischen Tag und Nacht sehr stark. Die Luft ist so trocken und der Himmel so klar, dass die Hitze nachts sehr schnell entweicht. So können die Tiefstwerte selbst dort unter den Gefrierpunkt fallen.

Die Wolken vermögen die Erdoberfläche zu erwärmen, weil sie einen Treibhauseffekt bewirken. Nun können die Wolken unseren Planeten auch abkühlen, indem sie Sonnenlicht zurück in den Weltraum reflektieren. Daran denken wir meistens zuerst, wenn wir über die Strahlungseigenschaften von Wolken nachdenken. Die Balance zwischen diesem Albedo-

Effekt der Wolken und ihrem Treibhauseffekt bestimmt darüber, ob ein bestimmter Wolkentyp die Erde erwärmt oder einen kühlenden Einfluss ausübt. Hohe dünne Wolken, wie die Cirrus-Wolken, tragen zur Erwärmung bei. Tiefe dicke Wolken, wie *Stratocumulus,* begünstigen hingegen die Abkühlung. Der über den Globus gemittelte Einfluss der Wolken kühlt die Erdoberfläche im Langzeitmittel.

Für die zukünftige Klimaentwicklung ist das Verhalten der Wolken eine Schlüsselfrage. Werden die Wolken im Falle einer globalen Erwärmung durch uns Menschen zur weiteren Erwärmung oder zu einer gegensteuernden Abkühlung beitragen? Steigt die Temperatur im weltweiten Mittel, so viel ist klar, dann gelangt mehr Wasserdampf in die Luft, weswegen vermutlich auch mehr Wolken entstehen. Aber werden sie eher dünn oder dick, hoch oder niedrig sein? Und in welcher Region werden sie sich bilden? Werden sie insgesamt mehr Sonnenlicht zurück in den Weltraum reflektieren oder werden sie mehr Wärmeenergie in der Atmosphäre zurückhalten?

Noch können wir diese Frage nicht abschließend beantworten. Und die Marsmenschen leider auch nicht. Es gibt also noch viel an Grundlagenforschung zu leisten. Vielleicht entwickelt sich aus den ungeklärten Fragen langfristig sogar ein gemeinsames Forschungsprogramm von Wissenschaftlern des Mars, der Venus und der Erde. Warum sonst glauben Sie, arbeitet die NASA daran, Menschen auf den Mars zu schicken? In etwa dreißig Jahren könnte es soweit sein. Für mich ist das wohl leider zu spät. Ich hätte nämlich gerne Marslene vom Anderen Stern und all die anderen Wissenschaftler der Mars-Universität persönlich kennengelernt.

Die Wolkenentstehung selbst birgt übrigens auch noch einige Geheimnisse. Drücken wir es charmant aus: Es gibt noch gewisse Wissenslücken. Eine besteht darin, dass wir immer noch nicht erklären können, wie genau Gewitter entstehen, obwohl sie uns irgendwie sehr vertraut sind. Blitz und Donner gehören schließlich zu unserem Alltag. Die beiden sind uns weiter oben bereits als die Art der Kommunikation begegnet, mit der die Gewitter auf sich aufmerksam machen. Das danken wir ihnen von ganzen Herzen, denn sie sind gefährlich. Tornados und Hagel gehören neben Blitz und Donner ebenso zum Repertoire eines Gewitters wie der Starkregen. Diese Phänomene können wir halbwegs verstehen. Die luftelektrischen Vorgänge jedoch, die eine „normale" Wolke zu einer Gewitterwolke machen, verstehen wir Meteorologen immer noch nicht im Detail. Als ich vor etwa dreißig Jahren studiert habe, fand ich das Feld der Luftelektrizität sehr spannend, hatte mich aber schon damals gewundert, dass die Ursache eines so alltäglichen Phänomens, wie es das Gewitter eines ist, derart viele Rätsel aufgibt.

Gewitter gehören zu den eindrucksvollsten meteorologischen Erscheinungen, die wir auf der Erde zu bieten haben. Ganz klar, dass sich die Menschen seit jeher den Kopf über sie zerbrochen haben. Im Altertum verstand man Gewitter oftmals als überirdische Botschaften. Blitze galten in vielen alten Religionen als von Göttern geschleuderte Waffen. Bei den alten Griechen, den Römern und Germanen sah man in ihnen eine Laune von Zeus, Jupiter und Donar. Im Volksglauben des Mittelalters waren Blitze eine göttliche Strafe oder galten als Warnung.

Selbst für Martin Luther (1483–1546) waren Blitz und Donner noch Zeichen Gottes. Als er auf einem Spaziergang von einem heftigen Gewitter überrascht wurde, fasste er den Entschluss, in ein Kloster einzutreten. Erst in den vergangenen 250 Jahren haben wir zu verstehen gelernt, dass Blitz und Donner physikalische Erscheinungen der Erdatmosphäre sind. Einer der ersten, der sich mit Blitzen wissenschaftlich beschäftigte, war kein Geringerer als der amerikanische Naturwissenschaftler, Schriftsteller, Staatsmann und Mitunterzeichner der amerikanischen Verfassung Benjamin Franklin (1706–1790). Ihm verdanken wir die Erkenntnis, dass der

Blitz eine elektrische Erscheinung ist, und er erfand außerdem den so nützlichen Blitzableiter.

Durch verschiedene Vorgänge innerhalb einer Gewitterwolke findet eine Trennung von elektrischen Ladungen statt. Die *Ladungstrennung* ist mikroskopischer und makroskopischer Natur. Es spielen also Prozesse im Mikrokosmos, in der unserem Auge verborgenen Welt der Elementarteilchen, eine Rolle, wie auch Vorgänge in der für uns sichtbaren Welt, dem Makrokosmos.

Eine Theorie besagt, dass Eis- und Regenteilchen zusammenstoßen und negative Ladung in Form von *Elektronen* austauschen. Die einen Teilchen verlieren Elektronen, die anderen sammeln Elektronen ein. Infolge der Kollisionen sowie anderer Wechselwirkungsprozesse zwischen Eis- und Wasserteilchen sind schließlich kleine Eisteilchen positiv geladen, während die größeren Regentropfen negative Ladungen tragen. Die starken Aufwinde innerhalb der Gewitterwolke sorgen dann für die räumliche Ladungstrennung. Die leichten Eispartikel finden sich im oberen Teil der Wolke wieder, wo sich somit ein positives Ladungszentrum aufbaut. Im unteren Teil der Wolke entsteht dagegen ein negatives Ladungszentrum. Die Grenze zwischen den beiden Bereichen liegt normalerweise in der Höhe, in der die Temperatur minus 15 bis minus 20 Grad Celsius beträgt. In diesem Bereich existieren Eisteilchen und unterkühlte Wassertropfen gleichzeitig, und es finden intensive Gefriervorgänge statt.

Dass Blitze unter den Bedingungen der Ladungstrennung entstehen, ist einsichtig. Aber nicht, wie diese Bedingungen im Detail zustande kommen. Denn es gibt verschiedene Theorien über die Ursache der Ladungstrennung. Was ist wirklich der Grund dafür, dass sich die positiven und negativen Ladungen trennen und sich entweder an der Wolkenbasis oder dem Oberrand der Wolke anordnen? Haben sie sich etwa verabredet, um uns ein Rätsel aufzugeben? Besitzen die Ladungen – so wie wir – einen genetischen Code? Wir wissen es schlicht nicht. Der Erdboden unterhalb der Gewitterwolke lädt sich wiederum positiv auf. Damit sind die Bedingungen für die Entstehung eines Blitzes gegeben, entweder innerhalb der Wolke oder zwischen ihr und dem Erdboden. Die Durchschnittslänge eines Erdblitzes beträgt fünf bis sieben Kilometer. Wolkenblitze sind länger und haben eine durchschnittliche Länge von acht bis 16 Kilometer. Man hat auch schon Längen von 140 Kilometern gemessen.

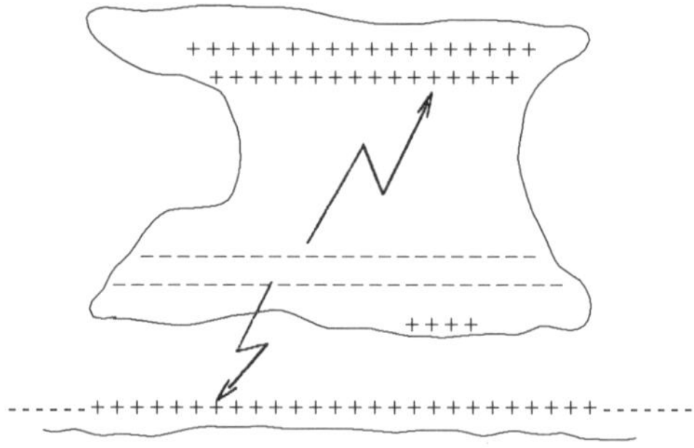

Marslene vom Anderen Stern und ihr Schüler Mars-Peter Erdmann streiten sich gerne über dieses Thema, denn in Wirklichkeit sind die Verhältnisse noch um ein Vielfaches komplizierter als hier dargestellt. So gibt es beispielsweise keine perfekte Ladungstrennung, nur ein gewisses Übergewicht einer bestimmten Ladung in einer bestimmten Höhe. Es bleiben viele Fragen offen. Eine davon: Was eint die Eispartikel, die Regentropfen und die Graupelkörner und was lässt sie sich so diszipliniert verhalten? Gehorchen sie vielleicht einem Feldherrn, der ihnen Kommandos gibt? – Eher nicht, denn vor einem Gewitter hört man normalerweise kein „Achtung"-Gebrülle. Wo steckt dann aber das übergeordnete Prinzip?

Zumindest einen Grund für die Ladungstrennung kennen wir tatsächlich, der dem ganzen Treiben einen Sinn verleiht.

Das ist tröstlich. Unsere Erde ist bekanntermaßen ein gewaltiger Stromkreis. Die Erdoberfläche ist als Ganzes negativ, die umgebende Lufthülle hingegen positiv geladen, d.h. es existiert ein *elektrisches Schönwetterfeld*. Ständig fließt ein Strom von ca. 1500 Ampere zur Erde. Würde es keine anderen Vorgänge geben, würde das luftelektrische Feld innerhalb einer halben Stunde zusammenbrechen. Die zahlreichen Gewitter auf der Erde erhalten es aufrecht, sie sind eine Art Generator. In ihnen fließt entgegengesetzt zum Schönwetterfeld ständig etwa ein Ampere Strom vom Erdboden in die Stratosphäre. Die Gewitter sind demnach eine Art Ladevorgang, so ähnlich als würden Sie den Akku Ihres Handys aufladen.

Die Spannung in Gewitterwolken kann bis zu 100 Millionen Volt betragen. Dabei fließen allerdings nur in Sekundenbruchteilen Ströme, die mehrere 100 000 Ampere erreichen können. Unsere Energieprobleme können wir damit jedoch nicht lösen, da der Energiegehalt eines Blitzes nur etwa zehn Litern Heizöl entspricht. Allerdings gibt es jeden Tag bis zu vier Millionen Blitze. Und diese Energiemenge würde sich schon lohnen. Nur können wir die Blitzenergie technisch nicht zähmen. Das gelingt allein in den Studios Hollywoods. Vielleicht haben einige von Ihnen die Filmkomödie „Zurück in die Zukunft" gesehen, in dem ein genialer Wissenschaftler, der rein zufällig Albert Einstein ähnelt, die Blitzenergie nutzt, um den Hauptdarsteller per Zeitmaschine aus der Vergangenheit wieder in die Gegenwart zu befördern. Inzwischen beobachtet man Blitze mit Hilfe von Satelliten. Fels Marsstein, der patente Tüftler von der Mars-Universität, beherrscht diese Technik natürlich ebenfalls. Er hat die die Erde umkreisenden Mars-Satelliten mit derart empfindlichen Lichtsensoren bestückt, dass er aus selbst kleinsten Helligkeitsschwankungen die Blitze auf der Erde erkennt.

Es gibt weitere sehr interessante luftelektrische Phänomene. Etwa das *Trockengewitter*, bei dem es blitzt und donnert, der Regen jedoch wegen zu geringer Luftfeuchtigkeit ausbleibt. Diese führen beispielsweise des Öfteren im Westen der USA zu verheerenden Waldbränden. Fels Marsstein kennt derartige „trockene" Blitze vom Mars. Sie entstehen hin und wieder in den gewaltigen Staubtornados, die auf dem Roten Planeten ihr Unwesen treiben.

Haben Sie, liebe Leserinnen und Leser, schon einmal etwas über „rote Kobolde" oder „blaue Strahlen" gehört? Nein. Das wundert mich nicht. Denn *Red Sprites* und *Blue Jets* gehören zu den kaum bekannten Entladungsphänomenen, die sich weit über unseren Gewitterwolken abspielen. Als seltsame Blitze und rötliches Aufleuchten sind die nur wenige Tausendstel Sekunden andauernden Erscheinungen zuerst Flugzeugpiloten und Astronauten aufgefallen. Erst in den letzten Jahren hat man die recht lichtschwachen „Kurzschlüsse" der Atmosphäre mit hochempfindlichen Videokameras dokumentiert und erforscht. Red Sprites haben ihren Ursprung in den unteren Schichten der *Ionosphäre* in rund achtzig Kilometern Höhe und wachsen innerhalb von Millisekunden pilzförmig bis auf vierzig Kilometer nach unten. Blue Jets dagegen steigen als kegelförmige, bläuliche Strahlen vom oberen Rand der Gewitterwolke empor. Auf neueren Videoaufnahmen von amerikanischen Atmosphärenforschern verzweigte sich ein von der Erde aus beobachteter Blue Jet nach Erreichen der Maximalhöhe in einzelne Äste. Bei etwa siebzig bis achtzig Kilometern Höhe nahm die blitzartige Erscheinung eine an einen Baum oder ein Bund Karotten erinnernde Form an, bevor die Blitzfontäne schließlich verblasste.

Und noch ein letztes Lichtschauspiel im Zusammenhang mit Gewittern. Hin und wieder hat man den Eindruck, dass eine Kirchturmspitze lichterloh brennt. Doch die bläulich auflodernden Flammen sind nach wenigen Minuten wie von selbst erloschen. Solche *Elmsfeuer*, die vor oder während eines Gewitters an emporragenden Gegenständen wie Schiffsmasten, Gipfelkreuzen und Turmspitzen, aber auch an den Tragflächen von Flugzeugen auftreten, sind äußerst selten.

Ihre Ursache sind starke Spannungsdifferenzen zwischen dem Boden und der Luft, die sich entwickeln, wenn eine Gewitterfront naht. Die Luft lädt sich dabei extrem stark auf, sie fängt an zu knistern. Haare von Mensch und Tier richten sich auf, ihre Enden scheinen zu leuchten. Ist die Spannung, die buchstäblich in der Luft liegt, zwischen dem elektrischen Feld, zum Beispiel einer Kirchturmspitze, und der Luft groß genug, fließt Strom. Die Luftmoleküle *ionisieren*, d.h. sie verlieren Elektronen, und Licht flackert auf. Doch Vorsicht: Sieht man ein Elmsfeuer in unmittelbarer Nähe, besteht höchste Gefahr, denn ein Blitzeinschlag droht. Das Elmsfeuer ist somit als Warnung zu verstehen, den Aufenthaltsort sofort zu wechseln und Schutz zu suchen.

Neben der optischen Erscheinung ist das Elmsfeuer als Vorentladung eines Blitzes auch zu „hören“. Die von ihm ausgehenden elektromagnetischen Wellen stören den Funkempfang durch ein rauschendes und knackendes Geräusch. Der Name Elmsfeuer soll auf St. Elmo zurückgehen, der italienische Name für den heiligen Erasmus, den Schutzpatron der Seefahrer, den sie bei Seenot anrufen. Flackernde Lichter, die scheinbar aus dem Nichts an Mastspitzen von Schiffen aufleuchten, finden sich in vielen Erzählungen. Und tatsächlich, schon der Matrose Ishmael beobachtete in George Melvilles Roman „Moby Dick“ auf hoher See tanzende Elmsfeuer an allen Masten.

Gewitterwolken können für uns Menschen sehr gefährlich werden. Sie gleichen in einer bestimmten Hinsicht einer Medizin. Folgendes kann man nämlich des Öfteren im Beipackzettel eines Medikaments lesen: „In seltenen Fällen kann es zu … kommen.“ Dann wissen wir, dass richtig schlimme Nebenwirkungen auftreten können, die alles andere als erwünscht sind. Das Risiko des Auftretens der Nebenwirkungen ist allerdings recht klein; es ist daher ratsam, dem Rat des Arztes zu folgen und das Medikament einzunehmen.

Heftige Gewitter besitzen ebenfalls eine extreme Nebenwirkung, das sehr seltene Risiko von *Tornados*.

Sie haben sicherlich alle schon einmal etwas von Tornados gehört, insbesondere im Zusammenhang mit dem Wetter in den USA. Vielleicht kennen Sie auch den Katastrophenfilm „Twister“ aus dem Jahr 1996. Der Film spielt im Bundesstaat Oklahoma, welcher auf der berühmt-berüchtigten „Tornado Alley“, der Tornado-Allee, liegt. Sieht man von den Polarregionen ab, können sich Tornados über jeder großen Landmasse der Erde bilden. Nirgendwo jedoch kommen sie so häufig vor wie in den weiten Ebenen Nordamerikas. Vor allem im Mittleren Westen wüten sie über Iowa, Nebraska, Kansas, Texas, Oklahoma und Missouri und definieren die Tornado-Allee von rund 800 Kilometern Länge und 650 Kilometern Breite. Dort treten jährlich etwa 700 bis 800 Tornados auf. Die Lage der Tornado-Allee ist für die im Vergleich zu den Hurrikanen kleinen, aber katastrophalen Wirbelstürme, äußerst günstig: trockene und kalte Luft aus den Rocky Mountains kann über den weiten Ebenen des Mittleren Westens auf feuchtwarme Luftmassen aus dem Golf von Mexiko treffen. Es bilden sich gigantische, bis zu zwanzig Kilometer hinaufragende Gewitterwolken, die Superzellen oder „Mutterwolken“ der Tornados.

Tornados sind Luftwirbel mit vertikaler Achse. Sie sind die heftigsten Winde, die es auf der Erde gibt. Selbst massive Gebäude können Tornados, die Windgeschwindigkeiten von bis zu 500 Kilometer pro Stunde am Wirbelrand erreichen können, nicht widerstehen. Der Tornado-Durchmesser liegt typischerweise zwischen 50 und 100 Metern. Und der Spruch „Klein, aber oho“ trifft auf sie wirklich zu. Tornados entstehen, wenn feuchtwarme Luft auf höher gelegene Kaltluftschichten trifft. Die warme Luft hat das Bestreben, nach oben zu steigen. Sie wissen schon, wie dieser Prozess heißt. Richtig, es ist die Konvektion. Es bilden sich regelrechte Aufwindschlote. Eine Änderung der Windrichtung mit der Höhe ermöglicht die Bildung von Gewitterzellen mit einem rotierenden Aufwind. Daneben findet die Kondensation statt und es entsteht schließlich eine gigantische Gewitterwolke, die man als eine Superzelle bezeichnet.

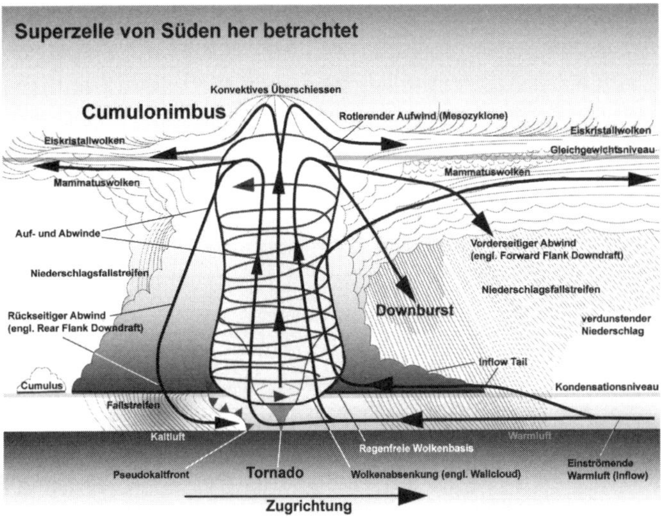

Durch die Aufwärtsbewegung im Zentrum strömt Luft im unteren Bereich zur Drehachse hin. Die Winde schrauben sich empor, die Luftsäule erfährt eine Streckung, es kommt zum Pirouetteneffekt, und die Geschwindigkeit legt weiter zu. Durch die Fliehkräfte in der sich drehenden Zelle entsteht ein lokal begrenztes Luftdruckminimum. Infolge des rapiden Druckabfalls kommt es auch unterhalb der Wolke zur Kondensation. Hin und wieder senkt sich ein rüsselartiger Wolkenschlauch aus der dunklen Wolke zu Boden. Ein Tornado ist geboren.

Im oberen Bereich ist der Rüssel mit Wassertropfen, im unteren ist er mit angesaugtem Staub gefüllt. Die Luft am inneren Rand des Tornados beschleunigt auf mehrere hundert

Kilometer pro Stunde. Die extremen Windgeschwindigkeiten und der starke Unterdruck im Rüssel sind die Gründe für die zerstörerische Kraft der Tornados. Sie lassen Gebäude regelrecht explodieren. Denn bei geschlossenen Türen und Fenstern kann sich der Innendruck eines Gebäudes nicht schnell genug mit dem Unterdruck des Tornadorüssels ausgleichen. Bei 40 Hektopascal (früher Millibar) Luftdruckdifferenz explodiert normalerweise ein Haus. In einem Tornado kann der Luftdruck schlagartig um bis zu 100 Hektopascal fallen.

Der Tornado selbst wandert mit Geschwindigkeiten von fünfzig bis sechzig Kilometern pro Stunde in Richtung der vorherrschenden Höhenströmung über eine Entfernung von fünf bis zehn Kilometern, in Ausnahmefällen sogar bis zu 300 Kilometern. Es ist also durchaus möglich, ihm auszuweichen, wenn man ihn rechtzeitig bemerkt.

Die meisten Tornados treten bei Gewitterlagen im Mai und Juni in den Nachmittags- oder Abendstunden auf. Man unterscheidet nach der *Fujita-Skala* sechs Tornado-Klassen, beginnend mit der Klasse F0 mit Windgeschwindigkeiten bis zu 116 Kilometern pro Stunde. Daneben gibt es die Klassen F6 bis F12 mit Windgeschwindigkeiten von bis zu über 1000 Kilometern pro Stunde, die jedoch nur theoretisch möglich sind. Ein Tornado der Kategorie F5 mit mindestens 510 Kilometern pro Stunde Windgeschwindigkeit verwüstete am 3. Mai 1999 Oklahoma City. Der verheerende Wirbelsturm erreichte kurzfristig noch stärkere Windgeschwindigkeiten, sodass eine Einordnung in die Kategorie F6 angebracht gewesen wäre. Hierbei handelte es sich um die höchsten Windgeschwindigkeiten, die jemals gemessen wurden. Es gab 44 Todesopfer sowie 795 Verletzte. Etwa 3000 Wohn- und 150 Geschäftshäuser wurden dem Erdboden gleichgemacht. Der „Twister" bescherte den USA eine Schadenssumme von einer Milliarde US-Dollar, damals unglaublich viel Geld.

Am bekanntesten bei uns in Deutschland ist der Tornado von Pforzheim, der wohl schlimmste Tornado in Deutschland seit Jahrzehnten. Er entstand am Abend des 10. Juli des Jahres 1968 und bildete sich im Frontbereich zwischen subtropischer Warmluft und kühler Meeresluft. Der Tornado besaß die Stärke F4 nach der Fujita-Skala. Auf einer Breite von 200 bis 600 Metern warf er in den Ausläufern des Schwarzwaldes Bäume um, riss Hochspannungsmasten nieder, erreichte Pforzheim und beschädigte dort weit über 1000 Gebäude. Der Tornado löste sich schließlich bei Vaihingen auf. Zwei Todesopfer und etwa 200 Verletzte waren zu beklagen; der Schaden belief sich auf mehr als 100 Millionen Mark. Ganze Straßenzüge sahen aus wie nach einem Bombenangriff. Dass nicht noch mehr Menschen zu Schaden kamen, lag daran, dass die Katastrophe die Stadt an einem späten Mittwochabend heimsuchte, als kaum jemand auf der Straße war.

Tornados sind keine Besonderheit Nordamerikas. Sie treten dort nur sehr zahlreich auf. Es gibt sie fast überall auf der Welt. Auch jedes Jahr bei uns in Deutschland, etwa bis zu zwanzig an der Zahl. Es sieht zwar so aus, dass sich die Tornados in den letzten Jahrzehnten in Deutschland häufen. Eine sichere Aussage darüber, ob es tatsächlich einen langfristigen Trend zu mehr Ereignissen gibt, ist jedoch äußerst schwierig. Der Grund liegt einfach darin, dass sich die Beobachtungssysteme erheblich verbessert haben. Heute geht uns kaum noch ein Tornado durch die Lappen. Das war vor vielen Jahrzehnten gewiss nicht so. Es würde mich aber nicht wundern, wenn sich künftig die Tornados bei uns in Deutschland häufen, da die Klimamodelle einen Trend zu mehr heftigen Gewittern als Folge der globalen Erwärmung simulieren.

In Deutschland spricht man nicht immer von Tornados, sondern hin und wieder auch von *Windhosen*. Dieser Name klingt jedoch etwas verharmlosend und erweckt den Eindruck eines Unterschiedes zwischen den „großen“ Tornados in Nordamerika und den „kleinen“ Windhosen in Europa. Ein Unterschied zwischen Windhosen und Tornados besteht weder hinsichtlich ihrer physikalischen Natur, noch hinsichtlich ihrer Stärke. Allerdings erreichen sie bei uns nur selten die Gewalt ihrer stärksten amerikanischen Verwandten. Das Auftreten extrem starker Tornados besitzt selbst in Amerika eine sehr geringe Wahrscheinlichkeit. Wegen der großen Gesamtzahl von Tornados kann man sie dort trotzdem in jedem Jahr beobachten.

Tornados gehören weltweit zu den folgenreichsten Wettergefahren. Immer wieder sind Opfer zu beklagen, und es entstehen große Sachschäden. Um Menschenleben zu retten und Schäden zu vermindern, weist der Deutsche Wetterdienst frühzeitig auf Tornadorisiken hin. Die großräumigen Bedingungen für die Entstehung von Tornados sind mit Wettervorhersagemodellen mindestens einen Tag im Voraus berechenbar. Da die Tornados jedoch sehr kleinräumig sind und oft nur eine Lebensdauer von wenigen Minuten haben, sind präzise Warnungen vor Tornados grundsätzlich nicht möglich. Weder ein Wetterradar noch die Satelliten können Tornados „sehen“. Auch die engmaschigsten Computermodelle mit einer Auflösung von zwei bis drei Kilometern – wie sie der Deutsche Wetterdienst nutzt – können Tornados nicht simulieren. Deshalb versuchen die Meteorologen, den Tornados indirekt auf die Spur zu kommen und die als Auslöser von Tornados bekannten rotierenden Gewitterwolken mit dem ganz Deutschland abdeckenden Wetterradarnetz zu erfassen. Die aktuellen Radarbilder stehen alle fünf Minuten zur Verfügung und erlauben zumindest eine sehr kurzfristige Wahrscheinlichkeitsaussage über die Entwicklung von Tornados.

„Noch mehr Wirbelwinde können wir nun wirklich nicht bei uns auf dem Mars gebrauchen“, beklagte sich Mars-Peter Erdmann bei Marslene vom Anderen Stern, als sich die beiden mal wieder darüber unterhielten, wie man auf dem Mars aus Wasser bestehende Wolken schaffen könnte. Ja. Sie haben richtig gehört. Es gibt tatsächlich tornadoähnliche Wirbelwinde auf dem Mars. Bei uns auf der Erde kennen wir derartige Phänomene unter dem Namen *Kleintromben*. Der

Staubteufel ist ihr wohl bekanntester Vertreter. Bedingung für die Entstehung von Kleintromben ist eine bodennahe Überhitzung der Luft. Bei dieser *trockenlabilen* Schichtung können sich Thermikblasen vom Boden ablösen, die beim raschen Aufsteigen eine bereits vorhandene schwache Rotation der Luft durch Streckung des Wirbels zu intensivieren vermögen. Aufgrund der Drehimpulserhaltung nimmt bei der Streckung – wie bei den großen Tornados – die Windgeschwindigkeit durch den Pirouetteneffekt rasch zu und kann in Extremfällen sogar Orkanstärke erreichen. Staubteufel treten auf dem Mars relativ häufig auf, wie Bilder von seiner Oberfläche zeigen. Die Mars-Staubteufel lassen allerdings ihre Erdengeschwister wie Zwerge erscheinen. Sie erreichen einen Durchmesser von 500 Metern und werden mehrere Kilometer hoch. Auf der Erde dagegen erreichen Staubteufel selten einen Durchmesser von 100 bzw. Höhen von mehreren hundert Metern.

„Natürlich benötigen wir die mächtigen Wolken, um unseren Planeten auf seiner Oberfläche bewohnbar zu machen. Aber die Superzellen brauchen wir nicht. Wenn es uns gelänge, die Wolken irgendwie in Schach zu halten, dann könnten wir den Hagel und vor allem die Tornados vermeiden", erwidert Marslene vom Anderen Stern auf die Frage von Mars-Peter Erdmann, ob man denn nicht auch ohne die mächtigen Wolken auf dem Mars zurechtkommen könnte. Sie hat bereits eine ungefähre Ahnung, wie man heftige Gewitter vermeiden könnte. Schließlich schaut sie gelegentlich das irdische Fernsehprogramm. Fels Marsstein sei Dank, dass die Marsmenschen unsere Programme zu empfangen vermögen. Gewiss, dazu bedarf es ziemlich leistungsfähiger Verstärker. So etwas ist für Fels Marsstein, wie könnte es anders sein, eine Kleinigkeit.

Kennen Sie, liebe Leserinnen und Leser, die Hagelflieger von Rosenheim? Die Medien lieben sie. Diese tollkühnen Flieger „impfen" die Wolken. Ja, Sie haben richtig gelesen. Man spricht in der Meteorologie tatsächlich von *Wolkenimpfung*. Das Prinzip ist eigentlich ziemlich einfach. Man gaukelt einer „hagelverdächtigen" Wolke vor, dass in ihr genügend Eispartikel vorhanden seien, um es aus ihr regnen zu lassen, bevor sie beginnt, Hagel zu bilden. Der Trick: Man bringt *Silberjodid* mittels Flugzeugen in die Wolke ein, eine Substanz, die eine ähnliche Kristallstruktur wie Eis besitzt. Bei der Hagelbekämpfung versucht man nämlich, die natürlich ablaufenden Prozesse dadurch zu beeinflussen, dass man ein größeres Angebot an scheinbaren Eispartikeln schafft. Konkurrenz belebt das Geschäft; diese Lebensweisheit gilt auch in der Wolkenmikrophysik. Man hofft, dass die einzelnen Partikel bei unverändertem Wasserangebot kleiner bleiben, dafür jedoch mehr von ihnen entstehen – und kleinere Teilchen bewirken am Boden einen geringeren Schaden als große, oder es entwickelt sich aus ihnen anstatt Hagel nur Regen. Man führt die Wolke gewissermaßen an der Nase herum. Und das findet Marslene vom Anderen Stern spannend. Man könnte vielleicht sogar zwei Fliegen mit einer Klappe schlagen: Durch die Wolkenimpfung würde man neben dem Hagel auch die Tornados vermeiden, wenn man es schaffte, dass sich eine Wolke erst gar nicht zu einer Monsterwolke entwickelt. Die Theorie klingt gut. Wie das in der Praxis gehen soll, muss sich noch herausstellen. Die Marsmenschen behalten die Idee der Wolkenimpfung aber vorsichtshalber im Hinterkopf.

7.

Warum ist der Himmel blau?

Marslene vom Anderen Stern und all die anderen Marsmenschen beneiden uns nicht nur um unser Klima mit seinem ergebenen Diener, dem Wetter, sondern auch um die tollen Farbspiele, die wir Erdenmenschen tagtäglich bestaunen dürfen. So erscheint beispielsweise tagsüber der wolkenlose Himmel blau, morgens oder abends jedoch orange bis rot.

Das Geheimnis hinter diesem Farb-Duo liegt in der Art, wie das Sonnenlicht in der Atmosphäre *gestreut* wird. Das Licht der Sonne erscheint uns zwar gelblich-weiß, doch setzt es sich aus allen Farben des Regenbogens zusammen – von Violett über Blau, Grün, Gelb, Orange bis hin zu Rot. Jede dieser Farben entspricht elektromagnetischer Strahlung einer bestimmten Wellenlänge. Sie ist bei Blau relativ kurz, bei Rot am längsten. Die winzigen Moleküle der Luft werden von den eintreffenden Wellen des Sonnenlichts zu Schwingungen animiert, sie tanzen förmlich und strahlen die empfangene Energie als Streulicht in alle Richtungen ab. Nicht nur wir Professoren sind demnach zerstreut, sondern auch das Licht der Sonne.

Wenn Sie in den Himmel blicken, sehen Sie nicht das direkte Sonnenlicht, sondern das von den Luftmolekülen gestreute. Die Winzlinge streuen dabei das blaue kurzwellige Licht besonders stark. Zwar streuen die Luftmoleküle die noch kürzeren Wellen des violetten Lichtes stärker als die des blauen, aber der Violett-Anteil im Sonnenlicht ist viel schwächer als der Blau-Anteil, und das menschliche Auge ist für violettes Licht nicht so empfänglich wie für blaues. Die

Luftmoleküle bevorzugen beim Streuvorgang also die blauen Anteile des Sonnenlichts gegenüber den roten, gelben und grünen. Sie streuen das kurzwellige blaue Licht etwa 16-mal stärker als das rote Licht am langwelligen Ende des sichtbaren Spektrums. Je sauberer und trockener die Luft ist, desto intensiver nehmen wir das Blau des Himmels wahr. Im Grunde genommen ist die Farbe des Himmels eine optische Täuschung, aber eine schöne, an die sich die Marsmenschen gewöhnen könnten.

Das wissenschaftliche Fundament für die Blaufärbung des Himmels liefert die Theorie der *Rayleigh-Streuung*, benannt nach dem englischen Nobelpreisträger John William Strutt, 3. Baron Rayleigh (1842–1919). Welch ein Name! Früher waren es gerade die Adligen, die sich mit den Naturwissenschaften beschäftigten. Auf der Erde und auf dem Mars, wie uns das Geschlecht derer vom Anderen Stern beweist. Aus demselben Grund, warum der Himmel am Tage blau erscheint, sieht man ihn abends mehr rötlich. Am Abend ist der Weg des schräg einfallenden Lichtes durch die Atmosphäre zur Erdoberfläche länger als mittags, wenn die Sonne hoch über uns steht. Wir sehen während des Sonnenuntergangs vor allem die roten Anteile des Lichts, weil die kurzwelligeren Anteile – also auch die blauen – bereits herausgestreut sind.

Rayleigh zeigte, dass die Streuung durch die Luftmoleküle sehr stark von der Wellenlänge der einfallenden Lichtstrahlen, von ihrer Farbe, abhängt, und entwickelte eine entsprechende mathematische Beschreibung. Die vermehrte Anwesenheit von Feuchtigkeit und kleinen Schwebepartikeln, den Aerosolen, verstärkt die Rotfärbung bei Sonnenauf- und -untergang. Und genau das ist die Grundlage der Bauernregel „Morgenrot – Schlechtwetter droht“. Ein intensives Morgenrot kann ein Hinweis auf einen hohen Gehalt an Wasserdampf sein, der sich nach der vormittäglichen Erwärmung in Regenwolken verwandeln kann. Die Himmelsfärbung ist ein sichtbarer

Ausdruck kurzfristiger, lokaler atmosphärischer Schwankungen, und dies gilt natürlich auch für den Grad der Morgenröte. Man kann aus der Himmelsfärbung auf verschiedene Wetterphänomene schließen. Aber nur, wenn man die Sprache des Himmels versteht.

Und dann wäre da noch der *Grüne Blitz*, im Englischen *green flash*, ein Phänomen, das ebenfalls mit der Rayleigh-Streuung in Verbindung steht, jedoch nicht ausschließlich. Der Grüne Blitz, manchmal auch Grünes Leuchten oder Grüner Strahl genannt, ist ein äußerst seltenes Naturphänomen, das heute aufgrund der starken Luftverschmutzung fast nur noch auf dem offenen Meer oder im Hochgebirge zu sehen ist. Es entsteht beim Sonnenauf- oder -untergang und ist als grüner

Schein am oberen Rand der Sonne zu sehen. Manchmal erkennt man tatsächlich einen grünen Blitz, nachdem die Sonne untergegangen ist. Bis zum Jahr 1882, als Jules Verne ihn in seinem Roman „Le Rayon Vert" beschrieb, erfuhr der Grüne Blitz kaum öffentliche Beachtung. „Le Rayon Vert" heißt auf Deutsch „Der grüne Strahl". Verne beschreibt die Farbe des Blitzes in seinem Buch mit poetisch-blumigen Worten: „... ein grüner Strahl, wunderschön grün, von einem Grün, dass kein Maler auf seine Palette bekommen kann, ein Grün, dass die Natur nirgendwo sonst mehr hervorgebracht hat, weder in der Farbenvielfalt der Pflanzen noch in der Farbe der klarsten Meere! Gibt es ein Grün im Paradies, dann kann es kein anderes als dieses Grün sein, das wahre Grün der Hoffnung." Einmal durchatmen bitte. Ich denke, dem ist nichts hinzuzufügen.

Ich selbst habe tatsächlich den Grünen Blitz gesehen, was nur sehr wenigen Menschen vergönnt ist. Vielleicht habe ich es mir auch nur eingebildet, und der Wunsch war der Vater des Gedankens. Das war vor vielen Jahren in Südkalifornien an der Pazifikküste, wo ich des Öfteren für einige Monate am „Scripps Institution of Oceanography" geforscht habe. Die Aufenthalte dort waren für mich sehr lehrreich, nicht zuletzt, weil ich auch lernen musste, dass der Song „It Never Rains in Southern California" von Albert Hammond eine glatte Lüge ist. Im Winter ziehen so manche Tiefs durch, die im Flachland für zum Teil ergiebigen Regen und in den Bergen sogar für Schnee sorgen. Und die Kalifornier warten sehnsüchtig auf den dringend benötigten Regen und freuen sich wie die Schneekönige, wenn es soweit ist. Die Wetteransager überschlagen sich förmlich, wenn sie den Niederschlag ankündigen dürfen. Wir dagegen sehnen uns meistens nach dem Sonnenschein und bezeichnen Tiefdrucklagen normalerweise als „schlechtes" Wetter. Eines muss ich Ihnen schnell noch berichten. Ich habe auf dem Weg in die Berge einmal gesehen, dass ein Pickup-Truck, ein Pritschenwagen, voll mit Schnee beladen ins Tal fuhr. Was der Fahrer mit ihm vorhatte, kann ich nur ahnen. Vermutlich wollte er mit seinen Kindern einen Schneemann bauen.

Nach dem Durchgang eines Tiefs am Nachmittag strömte Kaltluft arktischen Ursprungs in Richtung der Pazifikküste, die sauberste Luft überhaupt auf der Nordhalbkugel. Meine Alarmglocken schrillten und bedeuteten mir, dass eine gewisse Wahrscheinlichkeit für das Auftreten des Grünen Blitzes existierte, sodass ich mich genau auf den Moment konzentrierte, als die Sonne im Begriff war, komplett hinter dem Horizont zu verschwinden. Und da war er, der Grüne Blitz. Unbeschreiblich schön. Ich gönne jedem von Ihnen diesen Anblick. Aber wie kommt er eigentlich zustande? Das „weiße" Licht der Sonne unterliegt in der Erdatmosphäre einer wellenlängenabhängigen *Brechung*, einer farbabhängigen Ablenkung. Sie, liebe Leserinnen und Leser, kennen dieses Phänomen von einem Prisma. Wissenschaftlich lässt sich der grüne Blitz mit der Brechung des Lichtes der untergehenden Sonne und den Eigenheiten unseres Sehvermögens erklären. Unsere Atmosphäre funktioniert wie ein Prisma, das Licht in seine Spektralfarben aufspaltet und in verschiedene Winkel bricht. Längere Wellen wie Rot werden weniger, kürzere wie Blau und Gelb dagegen stärker gebrochen. Sinkt die Sonne dem Horizont entgegen und dringen ihre Strahlen durch die immer dichtere Atmosphäre zum Betrachter, verschwindet das Blau infolge der Streuwirkung der Luftmoleküle. Bei geeigneten atmosphärischen Bedingungen verschwinden auch Gelb und Orange, die nicht gestreut, sondern von Ozon- und Sauerstoffmolekülen sowie vom Wasserdampf absorbiert werden. Das nehmen wir an dieser Stelle einfach so hin. Wir werden zumindest auf die Ozon-Absorption im letzten Kapitel zurückkommen, wenn wir uns mit weiteren Himmelserscheinungen beschäftigen werden.

Wenn die Sonne langsam hinter dem Horizont versinkt, sind also nur noch Rot und Grün übrig. Weil das menschliche Auge vom grellen Rot überwältigt wird, kann es die grüne Komponente zunächst nicht als gesonderte Farbe wahrnehmen. Tatsächlich zeigen Spezialfotografien Folgendes: wenn die Sonne zur Hälfte versunken ist, besitzt ihr oberer Saum eine deutliche Grünfärbung. Er zieht sich immer mehr zu einem bloßen Punkt zusammen und gewinnt an Helligkeit. Das Grün wird für das menschliche Auge erst im letzten Moment sichtbar, wenn das Rot verschwunden ist.

Dann zeigt sich plötzlich ein grüner Fleck, den wir als einen grünen Blitz wahrnehmen. Der Effekt geht verloren, wenn die gelben und orangefarbenen Lichtstrahlen nicht gründlich genug absorbiert werden. Die Wetterlage muss eben auch noch stimmen. Und genau deswegen ist der Grüne Blitz ein sehr selten zu beobachtendes Ereignis, woraus sich wohl erklärt, dass sich so viele Legenden um ihn ranken.

Im Gegensatz zu der Rayleigh-Streuung, bei der die Wellenlängen des sichtbaren Lichtes viel größer als die der extrem kleinen streuenden Luftmoleküle sind, betrachten wir jetzt den umgekehrten Fall am Beispiel der Wassertröpfchen in einer Wolke. Diese sind um ein Vielfaches größer als die Wellenlängen des sichtbaren Lichts, die von 0,4 (Violett) bis etwa 0,7 Mikrometer (Rot) reichen. Dabei entspricht ein Mikrometer 0,000001 Meter oder einem Tausendstel Millimeter. Und daraus erklärt sich eine Besonderheit, nämlich dass die Tröpfchen im Gegensatz zu den Luftmolekülen alle Wellenlängen des Lichtes gleich streuen, und dies vor allem nach vorne.

Diese Art der Streuung nennt man die *Mie-Streuung*, nach dem deutschen Physiker Gustav Adolf Feodor Wilhelm Ludwig Mie (1868–1957). Der Name klingt, und das völlig zu Recht, sehr gewichtig. Mit einem solchen Namen kann meiner wahrlich nicht mithalten. Ich habe aber immerhin am gleichen Tag wie Mie Geburtstag, am 29. September, obwohl ich mich mit ihm in keiner Weise vergleichen möchte. Denn er war neben Einstein einer der wichtigsten Physiker seiner Zeit.

Wolkentröpfchen besitzen einen typischen Durchmesser von mehreren *Mikrometern*. Die Wellenlängen des sichtbaren Lichtes sind mit weniger als einem Mikrometer offensichtlich deutlich kleiner als der Durchmesser der Wassertröpfchen, die sogar bis zu zwanzig Mikrometer messen. Die Voraussetzung für die Anwendung der Mie-Theorie ist demnach gegeben. Diese besagt nun, dass die Wolkentropfen das gesamte sichtbare Licht streuen. Alle Wellenlängen erreichen uns, sodass eine Wolke geringer Mächtigkeit als weiß erscheint. Sehr hoch reichende Regenwolken dagegen, sind an ihrer Unterseite dunkel, weil bei Wolken mit großer vertikaler Erstreckung viele Tropfen vorhanden sind, die das Licht mehrfach streuen und somit weniger Sonnenlicht durch die Wolke bis nach unten dringt. Und so kommt die auf uns bedrohlich wirkende dunkle Farbe einer Wolke zustande, die viel Wasser im Gepäck hat. Darüber hinaus spielt der Sonnenstand eine Rolle. Steht die Sonne vom Betrachter aus gesehen hinter einer Wolkenfront, wirkt diese oft – gerade bei einem aufziehenden Gewitter – dunkel und angsteinflößend, weil die Sonnenstrahlen die Wolke praktisch nicht mehr zu durchdringen vermögen.

Die Streuung an Wassertröpfchen und Aerosolen erfolgt mit zunehmender Teilchengröße immer mehr nach vorne. Diese Einsicht verdanken wir ebenfalls Gustav Mie. Da die Mie-Streuung nur wenig von der Wellenlänge abhängt, ist der Himmel an dunstigen Tagen farblos weißlich-grau. Aufgrund der starken Vorwärtsstreuung erscheint er in der Richtung der Sonne als besonders hell. Falls die Sonne hindurchschimmert, sehen wir sie als scharf begrenzte weiße Scheibe. Die relativ starke Schwächung der Sonnenstrahlen durch den Dunst ermöglicht es uns in einigen Fällen sogar, selbst ohne eine Sonnenbrille direkt in die Sonne zu blicken. Die Vorwärtsstreuung durch kleine Teilchen ist übrigens ein Effekt, der im täglichen Leben zu beobachten ist. Er tritt beispielsweise beim Autofahren mit verschmutzter Windschutzscheibe auf und kann uns ziemlich behindern, wenn wir gegen die tief stehende Sonne fahren oder uns ein entgegenkommendes Fahrzeug blendet.

8.

Das Lichtspielhaus Himmel

Die Marsmenschen haben bekanntermaßen nicht allein darunter zu leiden, dass es auf ihrem Planeten eisig kalt ist, sondern auch darunter, dass ihr Leben relativ farblos ist, und zwar im wahrsten Sinne des Wortes. Nein, sie langweilen sich nicht. Keineswegs. Sie haben vieles, was wir auch auf der Erde haben: Fernsehen, Radio oder das Internet. Und sie sitzen auch gerne zusammen und sprechen über Gott und die Welt. Aber es fehlt ihnen etwas, was sie sich voller Verwunderung gern im Internet ansehen. Die Marsmenschen besitzen auf ihrem Planeten so gut wie keine wunderschönen Lichtphänomene, wie sie bei uns auf der Erde täglich zu beobachten sind. Keine Regenbögen, keine Polarlichter. Wenn die Marsmenschen sich warm anziehen und an die Oberfläche spazieren, dann sehen sie meistens nur einen eintönigen und ziemlich dreckigen Himmel.

Der Mars besitzt Eisen, und das rostet eben, wie wir alle aus leidvoller Erfahrung wissen. Die von der Pathfinder Mission der NASA des Jahres 1997 her bekannten und unseren Tornados auf der Erde ähnelnden Stürme wirbeln große Mengen Staub auf, und damit auch den Rost. Die Marsstürme entstehen, wie wir gelernt haben, wenn sich die Luft direkt über der Oberfläche durch die Sonne stark erhitzt. Die Stürme können Windgeschwindigkeiten von mehreren hundert Kilometern pro Stunde erreichen. Im Extremfall hüllen die Starkwinde den Mars komplett mit Staub ein. Man kann also mit Fug und Recht sagen, dass die Marsatmosphäre buchstäblich verstaubt ist. Die aufgewirbelten Partikel mit einem

Durchmesser von etwa 1,5 Mikrometer lassen den Himmel über dem Mars in einem blassen gelb- bzw. orange-braunen Farbton erscheinen. Falls einmal kein Staub in der Marsluft vorhanden ist, erscheint der Himmel entsprechend der Rayleigh-Streuung in einem Blau, das jedoch deutlich dunkler als bei uns auf der Erde ist. Der Grund dafür: Die Marsatmosphäre ist viel dünner als unsere Erdatmosphäre, wodurch die Streuung des Sonnenlichtes vergleichsweise schwach ist. Nur der Mann im Mond ist noch schlimmer dran. Er sieht buchstäblich schwarz. Nicht etwa, weil er ein Pessimist wäre – ohne eine Atmosphäre gibt es gar keine Lichtstreuung und damit nur das Schwarz des Weltalls zu sehen. Dafür hat er jedoch einen phantastischen Blick auf unsere Erde, worum ich ihn beneide.

Im Vergleich zum Mars ist die Erde tatsächlich so etwas wie ein Kino, in dem die tollsten Filme laufen. Gehen Sie doch mal wieder hinein. Es lohnt sich, und es kostet nichts. Wo gibt es so etwas heutzutage noch? Der Himmel ist täglich die Bühne für viele farbige Lichtspektakel: für das Himmelsblau, die Rot- und Orangetöne der Dämmerung sowie die Farben von Wolken und Regenbögen. Nachts ist der Himmel meistens dunkel. Dies lässt uns sofort vermuten, dass sich das Sonnenlicht und die Atmosphäre die Regie der am Tages- und Dämmerungshimmel laufenden Filme teilen.

Wir Wissenschaftler können die Vielfalt atmosphärischer Lichtphänomene auf einige wenige Prozesse zurückführen: die Streuung, Brechung und Absorption des Sonnenlichts durch die Luftmoleküle sowie die Wolken- und Regentropfen, Eiskristalle und die Aerosole. Es gibt eine Fülle von Lichtphänomenen, einige haben wir bereits im Zusammenhang mit der Rayleigh- und Mie-Streuung kennengelernt. Alle kann ich hier leider nicht darstellen. Eine komplette Abhandlung finden Sie selbstverständlich bei Google Mars, wo Sie ja das gesamte Werk der Marsmenschen finden.

Es gibt faszinierende Farbspiele auf der Erde, von denen

ich selbst immer wieder gefesselt bin. Fortwährend ändert sich die Farbe des Himmels, und eigentlich ist kein Tag wie der andere. Die phantastischen Sonnenauf- und -untergänge haben es mir besonders angetan, die uns immer wieder vor Augen führen, auf welch einem einmaligen Planeten wir leben dürfen. Daneben gibt es weitere Lichtphänomene, von denen ich Ihnen erzählen möchte. Allen voran der Regenbogen, der unsere Phantasie seit jeher anregt. Vielleicht stellen Sie sich jetzt die Frage, welchen Zweck das Freilichtkino bei uns auf der Erde eigentlich hat. Hatte ich Ihnen nicht gesagt, dass die Marsmenschen in allem, was auf der Erde passiert, einen Sinn sehen. Bis jetzt schien es in der Tat so. Stimmt es etwa doch nicht, dass alles wie von Geisterhand orchestriert zusammenpasst? Waren die Marsmenschen mit ihren Aussagen etwa zu voreilig? Wir sollten nicht an den Aussagen der Marsmenschen zweifeln. Sie haben wie immer recht.

Denn die Lichtspiele in unserer Atmosphäre machen uns nämlich glücklich. Was wäre die Welt ohne die Lichtfestspiele, die wir täglich erleben dürfen. Ich finde, das wäre eine ziemlich trübe Welt, im wahrsten Sinne des Wortes. Stellen Sie sich vor, die Farbe des Himmels würde nicht wechseln. Der Himmel wäre, sagen wir, immer gräulich. Das wäre ziemlich deprimierend, für Sie und für mich auch. Denken Sie nur an das Novembergrau. Ob Sie es glauben oder nicht, ich schreibe diese Zeilen gerade im November. Ohne Farbe ist es langweilig. Deswegen sagt man ja auch zu einem spannenden Fußballspiel, es sei farbig. Wir sollten uns daher die Schönheit der sich wechselnden Himmelsfarbe immer wieder bewusst machen. Schon Aurora, die römische Göttin der Morgenröte – bei den Griechen hieß sie Eos – beklagte sich bei Jupiter: Obwohl sie doch immerhin die Grenze von Tag und Nacht beherrsche, seien ihr „die wenigsten Tempel" geweiht. Auf dem atmosphärelosen Mond hätte Aurora bzw. Eos nichts zu tun. Dort wechseln Tag und Nacht einander übergangslos ab. Auf der Erde umgibt uns die Luft, auch wenn wir sie im Alltag kaum wahrnehmen. Ohne die Luftmoleküle wäre der Himmel tagsüber schwarz, denn die winzigen Gasteilchen streuen das Sonnenlicht in alle Richtungen und bevorzugen dabei das Blau.

Wir haben uns bereits mit der blauen Farbe des wolkenfreien Himmels und mit dem Abendrot beschäftigt, beides Folgen der Rayleigh-Streuung. Zwei weitere Dämmerungs-Phänomene sind weniger bekannt: die *blaue Stunde des Ozons* und der *Erdschatten*.

Die blaue Stunde ist die Zeit nach Sonnenuntergang, wenn die ersten Sterne sichtbar werden – ein Fachbegriff aus der Meteorologie. Der Himmel ist während der blauen Stunde tiefblau, vor allem im Zenit, also wenn wir senkrecht nach oben schauen. Das ist seltsam, denn alle Sonnenstrahlen haben nach Sonnenuntergang bereits einen relativ langen Weg durch die Atmosphäre zurückgelegt. Dadurch sollten die blauen Farbanteile aufgrund der Rayleigh-Streuung herausgefiltert sein. Nur die wenigen Sonnenstrahlen, die den oberen Rand der atmosphärischen Luftschichten streifen, müssten als seitwärts gestreutes, blaues Licht erscheinen. Zu erwarten wäre eine Mischung dieser blauen Strahlen mit zahlreichen gelben, orangen und vor allem roten Strahlen. Aus der Mischung würde sich im Zenit ein gelbes oder sogar leicht grünliches Licht ergeben. Doch wir sehen Blau. Weshalb?

Das Blau der Dämmerung ist eine Folge der stratosphärischen Ozonschicht, die sich in einer Höhe von zwanzig bis dreißig Kilometern befindet. Die blaue Farbe beruht vor allem auf der Absorption des gelben, orangefarbenen und grünen Lichtes durch das Ozon in den sogenannten *Chappuis-Banden*, ein Vorgang, der uns bereits bei der Erklärung des Grünen Blitzes begegnet war. Der Begriff Bande bezeichnet in der Physik keine Gruppe von Kriminellen, sondern einen Bereich von Wellenlängen, in dem Gase Strahlung absorbieren, also „verschlucken". Grünes, gelbes und vor allem orangefarbenes Licht absorbiert das Ozon mit Vorliebe. Blaues Licht bleibt dagegen fast unberührt. Nicht nur wir Menschen sind krüsch.

Zum Blau des Tageshimmels trägt die Ozon-Absorption kaum bei. Sie macht sich aufgrund des kurzen Weges des Sonnenlichts in der Atmosphäre nicht bemerkbar, sodass das Blau der Rayleigh-Streuung den Ozoneffekt überstrahlt. In der Dämmerung ist durch den beinahe streifenden Einfall der Weg der Sonnenstrahlen in der Atmosphäre jedoch deutlich länger. So führt der Weg der Sonnenstrahlen im Augenblick des Sonnenuntergangs durch eine 35-fach größere Luftmenge, als wenn die Sonne im Zenit steht. Aufgrund der Rayleigh-Streuung bleiben im Westen die für die Sonnenuntergänge typischen langwelligen gelben und roten Strahlen übrig. Doch auch der Einfluss der Ozonschicht auf die Farben des Himmels wächst mit sinkender Sonnenhöhe. Die untergegangene Sonne beleuchtet nur noch die dünne Luftschicht in der Zenitgegend oberhalb von etwa zehn Kilometern Höhe. Die Sonnenstrahlen durchlaufen daher nicht den dichten Bereich der unteren Atmosphäre, sondern die Stratosphäre, wo sich die Ozonschicht befindet. Auf dem Weg durch diese erleidet das einfallende Sonnenlicht eine Abschwächung durch die Rayleigh-Streuung an den restlichen Luftmolekülen und an den Ozonmolekülen. Da die Luft in diesen Höhen deutlich dünner als die Luft in Erdbodennähe und damit die Rayleigh-Streuung schwächer ist, kommt es kaum noch zu einer Rotfärbung des Sonnenlichts. Beim Durchlaufen der Ozonschicht werden dagegen aufgrund der Chappuis-Absorption des Ozons Gelb, Grün und Orange vollständig herausgestreut. Damit steigt der relative Blauanteil stark an. Die Luft der Zenitregion wird folglich von Licht mit einem erhöhten Blauanteil bestrahlt.

Die Rayleigh-Streuung lenkt dieses Licht auch in die Richtung des Erdbodens, wobei sie die relativ kurzwelligen Anteile bevorzugt. Auf dem Weg zum Erdboden durchläuft das Streulicht die volle Luftsäule inklusive der Aerosole, wobei es durch Rayleigh- und Mie-Streuung ausgedünnt und wieder „verrötlicht" werden würde. Da aber nur noch Blau im Streulicht vorhanden ist, gibt es keinen Farbumschlag nach Rot, sondern nur noch eine Farbverschiebung im Bereich der Blautöne. Erst wenn gegen Ende der Blauen Stunde das „störende" horizontnahe Himmelslicht abklingt, ist der ganze Himmel von einem einheitlichen Tiefblau erfüllt, welches im Verlauf der Dämmerung abklingt und schließlich vom Dunkel der Nacht abgelöst wird. Die selektive, d.h. wellenlängenabhängige, Absorption des Ozons verschiebt demnach die Farben zu den kürzeren Wellenlängen, in Richtung des Blaus. Das Ozon in der Stratosphäre wirkt also wie ein Farbfilter, der sich über den gesamten Himmel erstreckt und ihn über unseren Köpfen bis weit nach Sonnenuntergang blau färbt. Man kann diesen Effekt mit dem von Vorsatzfiltern für Kameras vergleichen, die nur eine bestimmte Farbe, also Strahlen einer bestimmten Wellenlänge, passieren lassen.

Wir können die Ozonschicht während der blauen Stunde mit bloßem Auge buchstäblich „sehen". Der amerikanische Geophysiker Edward Hulburt (1890–1982) entdeckte diese erstaunliche Wirkung des Ozons im Jahr 1952 und publizierte sie 1953. Mit Hilfe unbemannter Raketenaufstiege untersuchte er die obere Atmosphäre. Seine Studien ergaben, dass das Himmelsblau im Zenit während des Sonnenuntergangs auf der Chappuis-Absorption des Ozons beruht. Neuere Rechnungen und Messungen geben Hulburt recht: Trotz ihrer geringen Menge reicht die Anzahl der Ozonmoleküle aus, um das Blau sichtbar zu machen. Die blaue Stunde ist demnach die Stunde des Ozons! Durch den wichtigen Beitrag Hulburts zur Erklärung der blauen Dämmerungsfarbe des Himmels etablierte sich die Farbberechnung als wissenschaftliches Instrument der Atmosphärenforschung.

Hand aufs Herz, liebe Leserinnen und Leser, hatten Sie

schon einmal etwas von der blauen Stunde gehört? Wenn ich Bekannten davon erzähle, werde ich von ihnen meistens zunächst etwas skeptisch angesehen, als wenn sie mir nicht so recht Glauben schenken möchten, um es vornehm auszudrücken. Wenn ich sie aber kurz nach Sonnenuntergang auf die markante Blaufärbung des Himmels über ihren Köpfen aufmerksam mache, weicht im Allgemeinen die Skepsis schnell. Und dann erzähle ich ihnen noch, dass man sich die Absorption bestimmter Wellenlängen des Lichtes durch das Ozon zur Bestimmung des Ozongehalts aus dem Weltall mit Satelliten zunutze machen kann. Der Wissenschaftler und Erfinder Fels Marsstein von der Mars-Universität kennt diesen Sachverhalt schon lange. Und deswegen wissen die Marsmenschen um die Existenz unserer Ozonschicht.

Noch vor Hulburts Entdeckung der blauen Stunde hatte der französische Meteorologe Jean Dubois an einer weiteren Erscheinung des Dämmerungshimmels den Einfluss des Ozons bemerkt und seine Erkenntnisse im Jahr 1951 veröffentlicht. Viele Menschen bestaunen die phantastischen Farben des westlichen Himmels nach dem Untergang der Sonne und übersehen dabei das faszinierende Schauspiel, das sich hinter ihrem Rücken abspielt: der Aufstieg des Erdschattens.

Wie der Name besagt, hielt man dieses Phänomen lange für den Schatten des gekrümmten Erdrandes, den die Sonne bei ihrem Auf- bzw. -untergang in den gegenüberliegenden Dämmerungshimmel projiziert. Heute wissen wir, dass die Farbe des Erdschattens ebenfalls auf den Chappuis-Absorptionsbanden des Ozons beruht. Bei klarem Wetter sehen wir nämlich nach Sonnenuntergang am östlichen Himmel den „Schatten" der Ozonschicht. Dabei mischt sich das Blau mit den anderen Farben des Sonnenuntergangs. Wenige Minuten nachdem die Sonne im Westen untergegangen ist, wird der Erdschatten über dem östlichen Horizont sichtbar und verrät sich als graublauer Bogen. Im Norden und Süden nähert er sich dem Horizont, während er im Osten am höchsten reicht. Darüber schließt sich meistens der rosafarbene Widerschein des westlichen Dämmerungslichts an. Bei zunehmender Sonnentiefe verblasst der Erdschatten und geht ohne klare obere Grenze in den tiefblauen, östlichen Abendhimmel über. Eine halbe Stunde nach Sonnenuntergang sind auch die letzten Spuren des Erdschattens verschwunden. Häufig deutet man den Erdschatten fälschlicherweise als eine tiefliegende Dunstschicht. Im Gegensatz zum Erdschatten ist eine Dunstschicht bereits vor dem Sonnenuntergang zu sehen und weist nicht das charakteristische Graublau des Erdschattens auf.

Selbst wenn die Sonne schon zwei bis fünf Grad unter den Horizont gesunken ist und das Abendrot „mitgenommen" hat, gehen die Farbfestspiele noch weiter: Das *Purpurlicht* lässt höhere Schichten erstrahlen. Besonders, wenn im Westen Cirrus-Wolken zu finden sind, die hochfliegenden, fedrigen Eiswolken, beginnt noch einmal ein rotes Glühen am Himmel. Bei ganz klarem Himmel scheint dagegen der blaue Himmel selbst plötzlich purpurfarben aufzuleuchten. Der Grund hierfür: Winzige Staubteilchen in größeren Höhen streuen das Sonnenlicht. Deshalb ist das Purpurlicht nach Vulkanausbrüchen, größeren Waldbränden, aber auch in Großstadtnähe besonders intensiv. In der Dämmerungsphase ist der Lichteinfallswinkel sehr günstig, weil in die unteren Schichten kein direktes Sonnenlicht einfällt und Streulicht produziert. Das Streulicht der Staubteilchen in den oberen Etagen wird daher weniger überstrahlt und ist dann für uns besser sichtbar.

Und dann kennen Sie, liebe Leserinnen und Leser, selbstverständlich das *Alpenglühen*, wenigstens aus den Heimatfilmen. Seien Sie ehrlich. Hin und wieder kann man sich so einen Schmachtfetzen gönnen. Ich bekenne es jedenfalls freimütig. Legendär ist das deutsche Eifersuchtsdrama „Dort oben, wo die Alpen glühen" von Otto Meyer aus dem Jahr 1956, ein wahrer Klassiker mit tollen Aufnahmen aus dem

Hochgebirge. Das Alpenglühen bezeichnet die besondere Wirkung, die das Streulicht des Sonnenuntergangs und -aufgangs im Gebirge hat. Die Felshänge und Schneeflächen reflektieren dabei das rote Licht zurück, während der Vordergrund bereits oder noch im Dunkeln liegt. Verstärkt wird das Alpenglühen durch das Purpur der Gegendämmerung. Besonders farbenprächtig ist das Alpenglühen, wenn es kurz vor Sonnenuntergang geregnet hat, sodass die Felshänge noch nass sind und im Licht der untergehenden Sonne förmlich glänzen, oder bei schneebedeckten Hängen.

Die Krönung aller Himmelserscheinungen ist für mich der Regenbogen. Er zieht einen unweigerlich in seinen Bann. Ich kann mich gar nicht an dem Schauspiel des Regenbogens sattsehen, insbesondere wenn man auch noch den *Nebenregenbogen* erkennen kann. Ihn sieht man gelegentlich über dem kräftigen Hauptregenbogen als einen zweiten, schwächeren Regenbogen mit umgekehrter Farbfolge. Und vielen Menschen scheint es so zu gehen wie mir. Achten Sie einmal beim Spazierengehen auf Ihre Mitmenschen. Fast alle bleiben stehen, wenn ein Regenbogen am Himmel zu bewundern ist. Sie brauchen für seine Entstehung Regen und Sonnenschein zugleich, und das macht ihn ja so faszinierend.

Über Regenbögen findet man in fast allen Kulturen Mythen und Legenden. Bei den alten Griechen bildete der Regenbogen eine Brücke zwischen dem Himmel und der Erde; er war das Kennzeichen der Götterbotin Iris. Auf ihm stieg sie zur Erde nieder. Zugleich wurde der Regenbogen als Teil ihres farbigen Gewandes angesehen. Und jetzt wissen Sie auch, warum die Regenbogenhaut in Ihrem Auge Iris heißt. Die Inder hielten den Regenbogen für eine Straße, auf der die Seelen der Verstorbenen ins Jenseits wanderten, und im alten Babylon sah man darin die Halskette der Liebesgöttin Ishtar.

Um ihn zu sehen, müssen Sie die Sonne im Rücken haben. Klar, das wussten Sie. Oder etwa doch nicht? Aber wie kommt der Regenbogen zustande? Vor mehr als 2000 Jahren befasste sich bereits der berühmte Aristoteles (384–322 v. Chr.) mit dem Phänomen. Aristoteles war einer der einflussreichsten Philosophen der Geschichte. So nebenbei begründete er entweder selbst oder beeinflusste maßgeblich zahlreiche Disziplinen, darunter Wissenschaftstheorie, Logik, Biologie, Physik, Ethik, Dichtungstheorie und Staatslehre. Nicht schlecht! Aristoteles befand, dass der Regenbogen eine natürliche Ursache besitzt. Die Erscheinung sei nichts weiter als Sonnenlicht, das von Regenwolken auf ungewöhnliche Art gespiegelt würde. Er kam damit der Wahrheit schon sehr nahe. Wer sonst, wenn nicht er, sollte eine solche Einsicht haben, und das zu einer Zeit, als man göttliche Ursachen bevorzugte.

Erste theoretische Untersuchungen stellten die Chinesen und Araber vermutlich vor ca. tausend Jahren an, möglicherweise sogar davor. Wahrscheinlich hatten sie damals bereits das Problem gelöst. Allerdings sind nur Fragmente ihrer Arbeiten überliefert. Im Jahr 1304 hielt der Mönch Theoderich von Freiberg (um 1240/45– nach 1310), eine der wichtigen Persönlichkeiten des Mittelalters, eine mit Wasser gefüllte runde Flasche ins Sonnenlicht und sah darin einen Regenbogen. Seine Entdeckung war, dass nicht etwa die Regenwolken als Einheit das Sonnenlicht zurückwerfen, sondern die einzelnen Wassertropfen. In einer seiner Zeichnungen führte er das Phänomen des Regenbogens auf doppelte Brechung und Reflexion der Sonnenstrahlen in den kugelförmigen Wassertropfen der Atmosphäre zurück, eine wahre Meisterleistung. Oder doch göttliche Eingebung? Der französische Philosoph, Mathematiker und Naturwissenschaftler René Descartes (1595–1650) legte schließlich das mathematische Fundament und berechnete für eine runde Wasserflasche, die wie ein überdimensionaler Tropfen wirkte, die Winkel der Strahlen, die notwendig sind, um einen Regenbogen zu erzeugen. Er beschrieb ihn als eine Art „Reflexionserscheinung" des Lichts in einem Wassertropfen: Sonnenstrahlen treffen auf die Tropfen und dringen in sie ein. Dabei werden sie nach dem 16 Jahre zuvor entdeckten *Snellius'schen Gesetz* abgelenkt. Auf der Innenseite des Tropfens werden die Strahlen reflektiert und beim Austritt erneut abgelenkt.

Ja, das ist tatsächlich die Erklärung, und sie ist inzwischen jahrhundertealt. Die Frage nach der Entstehung des Regenbogens bei uns auf der Erde ist ein Klassiker unter den Prüfungsfragen während einer Disputation, einer Doktorprüfung, im Fach Erdwissenschaften an der Mars-Universität. Marslene vom Anderen Stern führt als Dekanin der Fakultät „Planetenatmosphären" meistens den Vorsitz. Wenn es um die Erde geht, dann gehören dem Prüfungsausschuss in der Regel auch Mars-Peter Erdmann, Fels Marsstein, der Paläo-Klimaforscher Mars Altland und ein Mitglied des Lehrkörpers einer anderen Fakultät an, beispielsweise der streitbare Philosoph Karl Mars. Die richtige Antwort lautet: Der Regenbogen kommt durch Brechung und Reflexion des Lichts an bzw. in den fallenden Regentropfen zustande; die Farbigkeit rührt von der *Dispersion*, d. h. dass der *Brechungsindex* des Wassers von der Wellenlänge abhängt. Entschuldigen Sie bitte vielmals. Ich weiß nicht, welcher Teufel mich gerade geritten hat. Das ist die wissenschaftlich korrekte Antwort, die natürlich kein normaler Marsmensch, geschweige denn ein normaler Erdenmensch, versteht.

Also lassen Sie uns Schritt für Schritt das Phänomen des Regenbogens verstehen lernen. Wenn Licht von einem *optischen Medium* in ein anderes übertritt, beispielsweise von der Luft in das Wasser, erfährt es eine Richtungsänderung. Diese vom Prisma her bekannte Erscheinung bezeichnet man als Lichtbrechung. Grund für die Richtungsänderung ist die unterschiedliche Ausbreitungsgeschwindigkeit des Lichtes in den beiden Medien. Vergleichen kann man dies etwa mit einem Schlitten, der einen schneebedeckten Hang hinabgleitet und dann auf einen mit Sand bestreuten Weg trifft. Da der Schlitten hier langsamer als auf dem Schnee ist, dreht er sich, wenn eine Kufe bereits auf dem Sand ist, die andere jedoch noch nicht.

Natürlich hinkt der Vergleich etwas, aber es kommt vor allem auf die Richtungsänderung an. Beim Regenbogen geht es wegen des Eindringens der Lichtstrahlen in die Regentropfen um den Übergang des Lichts vom Medium Luft in das Medium Wasser. Den Grad der Ablenkung der Lichtstrahlen beim Eintritt in ein neues Medium misst der *Brechungswinkel*. Nun hängt der Brechungswinkel von der Wellenlänge der einfallenden Strahlen ab. Man sagt, der Brechungsindex hängt von der Wellenlänge, d. h. der Farbe der einfallenden Lichtstrahlen ab, was man als Dispersion bezeichnet. Das Licht spaltet sich wie bei einem Prisma in seine Farben auf. Jetzt kennen wir die wesentlichen Begriffe und besitzen schon das Rüstzeug, um uns der Erklärung des Regenbogens zu nähern. Regentropfen sind in guter Näherung transparente kleine Kugeln, wodurch sich die Berechnungen für uns Wissenschaftler sehr vereinfachen. So richtig einfach sind sie trotzdem nicht. Ich empfinde daher großen Respekt vor Descartes, der ja bereits vor einigen Jahrhunderten die entsprechenden Rechnungen durchführte.

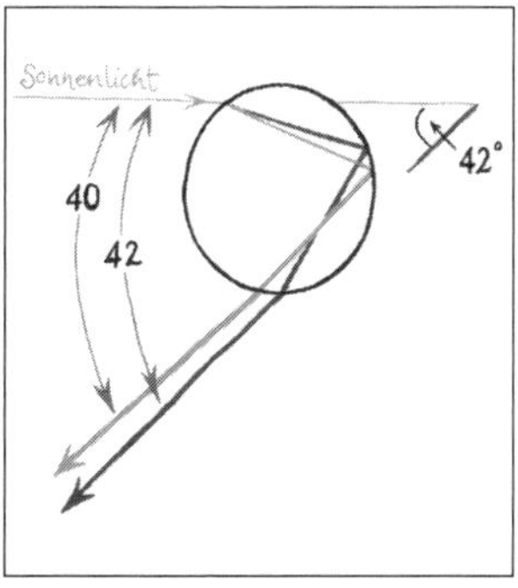

Die rechte Abbildung ist einer Skizze aus seiner Originalarbeit nachempfunden. Durch den Eintritt aus der Luft in einen Regentropfen erfahren die Lichtstrahlen der Sonne, abhängig von ihrer Wellenlänge, eine unterschiedlich starke Brechung bzw. Ablenkung. Die obere linke Teilabbildung zeigt, dass das kurzwellige Blau einer stärkeren Ablenkung als das langwellige Rot unterworfen ist. Der Wassertropfen wirkt jedoch nicht nur als Prisma, sondern gleichzeitig auch als Spiegel. Der Regenbogen entsteht daher aus dem Zusammenspiel von Brechung, Reflexion und Dispersion, wie wir ebenfalls der oberen linken Abbildung entnehmen können. Bei Ein- und Austritt wird ein Lichtstrahl gemäß dem Snellius'schen Gesetz abgelenkt und an der Rückwand des Wassertropfens reflektiert.

Das Entscheidende ist nun, dass die Tropfenoberfläche gekrümmt ist, denn dadurch werden die einzelnen Lichtstrahlen in Abhängigkeit von ihrem Auftreffpunkt auf den Tropfen unterschiedlich stark gebrochen. Die Lichtstrahlen treffen die Regentropfen an unterschiedlichen Randzonen. Daher werden sie auch unter verschiedenen Winkeln zurückgeworfen: Vor dem Auge des Beobachters öffnet sich ein Lichtkegel. Die verschiedenen einfallenden Strahlen kommen aus dem kugelförmigen Wassertropfen mit einem *Maximalwinkel* von annähernd 42 Grad heraus. Da größere Winkel bei einer einfachen Reflexion an der Innenseite nicht auftreten, häuft sich dort der Anteil verschiedener Auftreffpunkte. Die Intensität des reflektierten Lichtes ist deshalb unter dem Maximalwinkel besonders hoch.

Zugegeben: Es ist schwer einzusehen, warum das Licht nicht unter einem Winkel größer als 42 Grad zurückgestrahlt wird. Die Erklärung dafür ist das spezielle Brechungsvermögen des Wassers. Dies im Detail zu verstehen, würde dann aber doch zu sehr in die Tiefen der Physik führen. Also lassen wir es. Irgendetwas sollten uns schließlich die Physiker voraushaben.

Der Vorzugswinkel ist abhängig von der Wellenlänge der einfallenden Lichtstrahlen und heißt *Regenbogenwinkel*. Wegen der Kugelform der fallenden Tropfen tritt die Vorzugsrichtung *rotationssymmetrisch* um die Richtung des parallel einfallenden Sonnenlichts auf, der Winkel wird in einem Kreis erreicht, der Grund für die Entstehung des Bogens.

Jede Wellenlänge und somit Farbe hat wegen der Dispersion ihren eigenen Maximalwinkel. Das Rot besitzt ihn bei etwa 42 Grad, Blau bei ungefähr 40 Grad. Es kommt zu einer wellenlängenabhängigen Auffächerung und Zerlegung des Lichtes beim Durchqueren des Wassertropfens. Auch ohne die Auffächerung in die einzelnen Farben würde aufgrund des Maximums der Lichtintensität um den dann einheitlichen Maximalwinkel herum ein schmaler Regenbogen entstehen, der jedoch weiß und damit weniger spektakulär als das farbige Original wäre. Fiele Licht nur einer Wellenlänge auf die Tropfen, das wir als *monochromatisch* bezeichnen, würde aufgrund der größten Helligkeit um den für die Farbe geltenden Maximalwinkel herum ein schmalerer Lichtbogen entstehen, der selbstverständlich die Farbe des einfallenden Lichtes hätte. Der Teil des Sonnenlichts, der durch den Regentropfen einfach hindurchdringt oder bereits an dessen Oberfläche eine Reflexion anstatt einer Brechung erfährt, weist keinen Maximalwinkel auf und erzeugt daher auch keinen Regenbogen.

Um den Regenbogen besonders gut zu sehen, ist ein Beobachter notwendig, der auf einer möglichst freien Ebene mit dem Rücken zur tief stehenden Sonne steht und auf eine vom Sonnenlicht angestrahlte Regenwand blickt. Bei einem tiefen Sonnenstand verlaufen alle Sonnenstrahlen annähernd parallel zur Erdoberfläche und zur Blickrichtung des Beobachters. Sie treffen in breiter Front auf die Vielzahl kleiner, im Blickfeld vor dem Beobachter annähernd gleichmäßig verteilter, Wassertröpfchen. Das Licht trifft auf die Regentropfen und folgt dabei dem oben beschriebenen Strahlengang. Fixieren Sie also den Schatten Ihres Kopfes und blicken dann um 40 bis 42 Grad nach oben. Dann können Sie den Regenbogen nicht verfehlen und Sie werden Ihren Blick gar nicht mehr von ihm abwenden wollen.

Die Strahlen treffen in breiter Front auf die Vielzahl kleiner Wassertropfen. Fehlen die Wassertropfen dabei an einer Stelle, zeigt sich dort auch kein Regenbogen. In den meisten Fällen nimmt man daher nur einen Abschnitt des vollen Bogens wahr. Rot ist dabei an der Außenseite zu sehen, violett an der Innenseite. Der Hauptregenbogen entsteht aus der einmaligen Reflexion und Brechung der Sonnenstrahlen in den Regentropfen. Bei gut 50 Grad findet man einen weiteren Bogen, den Sekundär- oder Nebenregenbogen, der von einer zweiten Reflexion der Strahlen im Tropfen stammt. Seine Farbreihenfolge ist umgekehrt zu der des Hauptregenbogens. Er ist lichtschwächer als der Hauptregenbogen, da bei jeder Reflexion ein Teil des Sonnenlichtes unreflektiert den Regentropfen verlässt. Außerdem verteilt sich das verbleibende Licht auf einen größeren Winkelbereich, da der Nebenbogen breiter als der Hauptbogen ist und sich die Farben zudem stärker überlagern. Sie sehen ihn nur bei sehr guten Sichtverhältnissen, und er kommt deswegen nicht so häufig wie der Hauptregenbogen vor. Die entsprechenden Rechnungen ergeben einen Winkel von ca. 50 Grad für rotes und 53 Grad für blaues Licht. Aufgrund der zusätzlichen Reflexion kehrt sich der Farbverlauf im Vergleich zum Hauptregenbogen um.

Beide, der Haupt- und der Nebenregenbogen, besitzen aber einen gemeinsamen Mittelpunkt, der auf der Geraden Sonne-Beobachter liegt. Der Himmel im Innern des Hauptbogens erscheint deutlich heller als außerhalb. Dieser Helligkeitsunterschied entsteht, weil sich beim Hauptbogen die Farben bei Winkeln unterhalb des Maximalwinkels überlagern und somit ein „weißes“ Licht entsteht. Der Bereich zwischen dem Haupt- und Nebenregenbogen ist deutlich dunkler als seine Umgebung. Da beim Nebenbogen der Farbverlauf umgekehrt ist, zeigt sich das etwas schwächere „weiße“ Licht bei Winkeln oberhalb des Maximalwinkels des Nebenregenbogens. Dadurch entsteht zwischen den beiden Bögen der dunkle Bereich, den man zu Ehren seines um etwa 3000 v. Chr. in Kleinasien lebenden Entdeckers Alexander von Aphrodisias *Alexanders dunkles Band* nennt.

Je tiefer die Sonne sinkt, desto höher steigen der als *antisolarer Punkt* bezeichnete Sonnengegenpunkt und damit auch der Regenbogen. Bei Sonnenuntergang erreicht der antisolare Punkt den Horizont, und der Regenbogen wird zu einem Halbkreis. Mehr können Sie normalerweise nicht von einem Regenbogen sehen. Es sei denn, Sie haben die Mühe auf sich genommen und einen Berg erklommen. Ein Regenbogen verschwindet unter den Horizont, sobald die Sonne eine Höhe von mehr als 42 Grad erreicht. Deswegen gibt es bei uns um die Mittagszeit niemals einen Regenbogen zu sehen. Er versinkt buchstäblich im Boden, obwohl er sich nicht schämt. Der Mondschein kann ebenfalls einen Regenbogen erzeugen. Allerdings ist die Helligkeit gering, und man muss schon genau hinsehen. Von einem Flugzeug aus kann man gelegentlich einen Vollkreis auf der Oberseite von Wolken erkennen, mit dem Schatten des Flugzeugs im Kreiszentrum. Einen solchen Bogen habe ich bereits mehrmals gesehen, und Sie, liebe Leserinnen und Leser, vielleicht auch. Dabei handelt es sich jedoch nicht um einen Regenbogen, sondern um einen *Halo*. Halos entstehen durch Brechung und Spiegelung des Lichtes an Eiskristallen und werden etwas weiter unten behandelt.

Glaubt man einer Sage, steht am Ende des Regenbogens ein Topf mit Gold. Dieser Glaube entstammt der irischen Mythologie, nach welcher der „Leprechaun" – ein kleines, griesgrämiges, trollartiges Wesen – seinen Goldschatz am Ende des Regenbogens vergraben haben soll. Also, nichts wie hin! Doch wo ist eigentlich das Ende des Regenbogens? Kann man es jemals erreichen? Natürlich nicht. Denn wir wissen nunmehr Folgendes: Man sieht den Regenbogen nur, wenn man die Sonne im Rücken und die Regenfront vor sich hat.

Der Bogen reicht von Horizont zu Horizont. Es sieht so aus, als ob dort das Ende des Regenbogens wäre. Wer versucht, auf das Ende des Regenbogens zuzugehen, merkt, dass sich der Bogen bewegt, und zwar in die Richtung, in die auch er selbst geht. Der Regenbogen ist uns buchstäblich immer ein Stückchen voraus.

Das Ende des Regenbogens können wir nie erreichen. Warum? Erstens, weil der Regenbogen eine optische Erscheinung ist, die wir nur sehen, wenn die Winkelbeziehung zwischen Sonne, Betrachter und Regentropfen stimmt. Bewegen wir uns auf den Regenbogen zu, bewegt er sich automatisch mit. Der Bogen entspringt nicht an einem bestimmten Punkt, sondern ist vom Standort des Betrachters abhängig. Jeder sieht seinen „eigenen" Regenbogen. Und zweitens ist der Regenbogen in Wahrheit ein Kreis. Wir sehen ihn normalerweise als Bogen oder Halbkreis, weil uns sozusagen die Erde im Weg ist. Und ein Kreis hat bekanntlich keinen Anfang und kein Ende. Also müssen wir uns den Topf mit Gold auf andere Art und Weise besorgen. Ihnen, da bin ich mir sicher, wird bestimmt etwas einfallen. Lottospielen ist mit einer Wahrscheinlichkeit für einen Sechser von 1:14 Millionen nicht unbedingt zu empfehlen. Und wenn Sie vom Jackpot träumen: Für sechs Richtige mit Superzahl liegt die Wahrscheinlichkeit gar bei eins zu 140 Millionen.

Und noch eine Überraschung: Der Astronom und Mathematiker, Kartograph, Geophysiker und Meteorologe Edmond Halley (1656–1742), einige sagen auch Egmund, zeigte, dass es tatsächlich einen tertiären, d.h. einen dritten Bogen gibt, der die dreifache Reflexion im Regentropfen als Ursache hat. Wahrscheinlich klingelt es jetzt bei Ihnen. Sie haben bestimmt schon von dem *Halley'schen Kometen* gehört. Er wurde nach eben jenem Halley benannt, der wegen seiner Verdienste um die Bahnbestimmung von Kometen im Jahr 1720 königlicher Astronom und Leiter der englischen Sternwarte in Greenwich wurde. Während das Auftauchen von Kometen bis zu dieser Zeit noch als unvorhersagbar galt, entdeckte Halley im Jahr 1705, dass der 1682 beobachtete Himmelskörper mit früheren Beobachtungen identisch sein müsse, und sagte eine Wiederkehr für 1759 korrekt voraus. Ich wünschte mir, ich könnte das Klima über derart lange Zeiträume so sicher vorhersagen. Halley war ein Alleskönner und beschäftige sich auch mit dem Wetter im Allgemeinen und dem Regenbogen im Speziellen.

Der Tertiärbogen ist in einer unerwarteten Richtung zu sehen. Sie dürfen der Sonne nicht mehr den Rücken kehren, sondern müssen sich der Sonne zuwenden, da der Maximalwinkel für ihn 138 Grad beträgt. Der tertiäre Bogen tritt dabei als Kreis um die Sonne herum auf. Er ist aber praktisch nicht zu beobachten, weil er als Bogen *höherer Ordnung* äußerst lichtschwach ist und die helle Sonne ihn überstrahlt. Es existieren theoretisch genauso Bögen vierter und fünfter Ordnung. Der vierte Bogen ist ebenfalls in Richtung Sonne platziert, der fünfte liegt meist im dunklen Band zwischen dem Primär- und Sekundärbogen.

Das „richtige" Regenbogenwetter stellt sich oftmals auf der Rückseite eines Tiefs ein, wenn sich in der kalten Luft Konvektionszellen entwickeln. Dann kommt es immer wieder zu kurzen, meist heftigen Schauern mit anschließender Aufheiterung, zu dem, was wir als „Aprilwetter" bezeichnen. Auch bei Gewitterschauern im Sommer klart der Himmel sehr schnell wieder auf, sodass eine große Wahrscheinlichkeit für das Auftreten eines Regenbogens besteht. Besonders gute Voraussetzungen sind am späten Nachmittag gegeben. Dann steht die Sonne so tief, dass die letzten Regenwolken über Ihnen sie nicht verdecken. Zudem regnet es abends ohnehin häufiger als in den Morgenstunden. Daher werden auch die allermeisten Regenbögen in den Stunden vor Sonnenuntergang beobachtet. Und zu guter Letzt: An einem sonnigen Tag ohne Regen können Sie Ihren eigenen Regenbogen erschaffen. Dazu brauchen Sie nur einen Gartenschlauch mit

Sprühdüse. Wenn Sie mit der Sonne im Rücken auf den sprühenden Gartenschlauch schauen, sehen Sie tatsächlich einen kleinen, schillernden und eben selbst gemachten Regenbogen. Denselben Effekt kennt man von Wasserfontänen und Springbrunnen.

Ein weiteres interessantes Schauspiel bei uns auf Erden ist die *Fata Morgana*, das Phänomen der Luftspiegelung. Sie ist ein durch die Reflektion des Lichtes an der Grenze zwischen unterschiedlich warmen, übereinanderliegenden Luftschichten verursachter optischer Effekt. Bei der Fata Morgana handelt es sich tatsächlich um ein physikalisches Phänomen und nicht etwa um eine visuelle Wahrnehmungstäuschung.

Es gibt eine Vielzahl von Effekten, die auf Luftspiegelungen zurückgehen. Man unterscheidet prinzipiell zwischen der oberen und unteren Luftspiegelung. Wichtig ist in jedem Fall, dass es zu keinem fließenden Übergang und Vermischungen zwischen kalten und warmen Luftschichten kommt, was nur bei relativer Windstille der Fall ist. Sie alle kennen die Fata Morgana von Erzählungen aus der Wüste. Die Bezeichnung Fata Morgana stammt aus der Straße von Messina, die Meerenge zwischen Kalabrien auf dem italienischen Festland und der Insel Sizilien, die das Tyrrhenische Meer mit dem Ionischen Meer verbindet. Der Name nimmt Bezug auf die Fee (italienisch: Fata) Morgana (von dem arabischen Wort: Margan – Koralle). An der Straße von Messina beobachtet man des Öfteren, dass Bäume oder Häuser am gegenüberliegenden Ufer in die Luft gehoben erscheinen. Die Fee Morgana war im italienischen Volksglauben eine Zauberin, für deren Werk man die Luftspiegelungen hielt.

Ich wohne an der Ostsee am Schönberger Strand in der Nähe von Kiel. Ein bis zwei Mal im Jahr kann ich die wegen der Erdkrümmung normalerweise nicht sichtbaren gegenüberliegenden dänischen Inseln erkennen, tagsüber deren Bebauung oder bei Nacht deren Lichter. Und ein Zweites:

Wenn ich direkt auf das Meer blicke, sehe ich normalerweise nichts als Wasser und einige Schiffe am Horizont. Hin und wieder jedoch sehe ich in der Luft „schwebende“ Schiffe. Über dem Meer kann man mit sehr viel Glück noch eine weitere kuriose Erscheinung beobachten, was mir leider noch nicht vergönnt war. Die von einem sich hinter dem Horizont befindenden Schiff ausgehenden Lichtstrahlen können an der Grenze zwischen der oberflächennahen kalten und der wärmeren Luft darüber derart reflektiert werden, dass man ein auf dem Kopf stehendes Spiegelbild des Schiffs wahrnimmt, das sich scheinbar weit über der Erdoberfläche, also weit über dem Horizont befindet. Dabei handelt es sich um ein Beispiel der oberen Lichtspiegelung, weil die warme Luft über der kalten liegt.

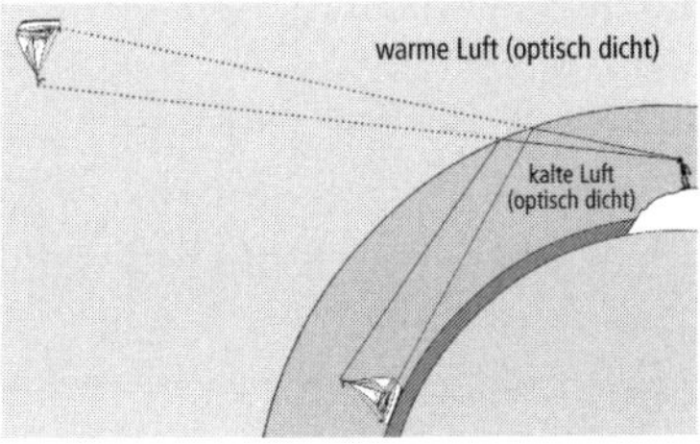

Aber warum kommt es überhaupt zu Luftspiegelungen? Durch die Brechung können – das wissen wir inzwischen – Lichtstrahlen umgelenkt werden, sodass Dinge an einem Ort erscheinen, wo sie sich nicht befinden, oder sehr weit entfernte Gegenstände auf einmal sichtbar werden. Die Sterne beispielsweise befinden sich nicht dort, wo wir sie vermuten, weil das weitgereiste Sternenlicht beim Eintritt in die Erdatmosphäre eine Richtungsänderung erfährt. Wenn Sie einen Spiegelschrank im Badezimmer haben, können Sie durch eine geschickte Stellung der beweglichen Spiegel Ihren Hinterkopf betrachten. Wir Männer können dabei etwas über das

Stadium unserer Glatzen erfahren. Luftschichten verschiedener Temperatur können unter bestimmten Voraussetzungen tatsächlich wie Spiegel wirken. Es kommt dabei nicht auf die Temperaturen selbst an, sondern auf den Temperaturunterschied zwischen den Luftschichten. Nicht immer findet eine Brechung im eigentlichen Sinne statt, wenn Lichtstrahlen von einer Schicht auf eine andere mit einer anderen Temperatur, d.h. mit einer anderen Dichte, treffen. Im Extremfall kann es ab einem als *Grenzwinkel* bezeichneten Auftreffwinkel zur *Totalreflexion* kommen: die Lichtstrahlen können bei Erreichen der anderen Schicht nicht in diese eindringen und werden an der Grenzfläche reflektiert.

So kann es bei starker Sonneneinstrahlung sein, dass sich über dem Boden eine heiße Luftschicht entwickelt. Licht, das aus der darüberliegenden kälteren Luftschicht kommt, wird dann, wenn es unter einem flachen Winkel auf die Grenze trifft, wie von einem Spiegel reflektiert. Luftspiegelungen können demzufolge auftreten, wenn das Licht weit entfernter Objekte auf eine schmale, erwärmte Luftschicht dicht über dem Erdboden auftrifft. Man bezeichnet diese Form als untere Luftspiegelung. Sie ist die mit Abstand häufigste und am leichtesten zu beobachtende Variante der Luftspiegelungen. Sie haben sicherlich schon bemerkt, dass an heißen Tagen in der Ferne Wasserpfützen auf einer Asphaltstraße zu stehen scheinen. In Wirklichkeit sehen Sie nur den an der Grenze von heißer und kälterer Luft gespiegelten Himmel. Wegen seiner dunklen Farbe heizt sich der Teer in der Sonne besonders stark auf und mit ihm die Umgebungsluft; darüber liegt deutlich kühlere Luft. Auf der Straße spiegeln sich dann je nach Landschaft der Himmel, Bäume, Häuser oder Autos. Vielleicht haben Sie auch schon einmal gesehen, wie die Scheinwerfer entfernter Autos doppelt übereinander angeordnet sind, weil sie sich in der Straße spiegeln. Das Wattenmeer der Nordsee ist übrigens ein geeigneter Ort, um Luftspiegelungen zu sehen. Fast das ganze Jahr über kann man sie dort beobachten. Die Sonne erwärmt das relativ dunkle, trockenfallende Watt ziemlich schnell, dieses wiederum die Luftschichten über ihm, während kalte Luft von der See her darüberweht. Die Verhältnisse sind demnach genau umgekehrt als bei dem weit in die Höhe gehobenen und auf dem Kopf stehenden Schiff, denn kalte Luft schiebt sich über warme.

Die Fata Morgana in der Wüste ist die uns wohl geläufigste aller Luftspiegelungen. Wenn der Temperaturunterschied zwischen der unteren, mit dem heißen Sand in Kontakt stehenden, und der darüberliegenden kalten Luft sehr stark ist, kommt es zur Totalreflektion, und sehr weit entfernte Gegenstände werden in die Nähe projiziert. Dieses Trugbild täuscht den armen von Durst gepeinigten und umherirrenden Menschen gelegentlich eine Wasserfläche vor, in der sich die umliegenden Berge oder die Bäume eines trockenen Flussbettes spiegeln können. Dadurch gewinnen sie den Eindruck einer Oase in der Ferne, die die so sehnlich herbeigesehnte Rettung bedeutet. Eine Fata Morgana in der Wüste wurde schon vielen Menschen zum Verhängnis, die in Folge von Wassernot unter starken Konzentrationsschwächen und Halluzinationen litten und häufig mit letzter Kraft auf die vermeintliche Wasserquelle zuliefen. Dabei gerieten sie immer tiefer in die Wüste, ein tödlicher Fehler.

Luftspiegelungen in der Wüste untersuchte erstmals der Mathematiker und Physiker Gaspard Monge (1746–1818) im Jahre 1798. Er begründete 1794 die École Polytechnique in Paris, eine der auch heute noch renommiertesten französischen Elitehochschulen. Wer dort studiert und seinen Abschluss macht, braucht sich um seine berufliche Zukunft nicht zu sorgen. Viele Spitzenbeamte haben diese Akademie besucht. Monge zu Ehren hat man im Pariser Studentenviertel Quartier Latin eine Straße benannt. Ich habe übrigens mal in einem Hotel in der Rue Monge übernachtet. Monge begleitete die Armee von Napoléon Bonaparte auf einer Expedition nach Ägypten und behielt als einziger Teilnehmer dieser Expedition einen kühlen Kopf, als zahlreiche Luftspiegelungen die Armee in Angst und Schrecken versetzten.

Es gibt wirklich die verrücktesten Lichteffekte bei uns auf der Erde. Sie müssen daher nicht immer an Ihrem Verstand zweifeln, wenn Sie Außergewöhnliches sehen. Wie zum Beispiel die *Nebensonnen*, wenn Sie auf einmal drei Sonnen sehen, die sich parallel zum Horizont anordnen. Die mittlere von ihnen ist die „echte", die anderen beiden sind der Lichtbrechung an Eiskristallen geschuldet. Es handelt sich bei diesem Phänomen also um eine Halo-Erscheinung.

Am häufigsten lassen sich Halo-Erscheinungen an den troposphärischen Eiswolken, den Cirren, beobachten. Die Art der Halo-Erscheinung bestimmt Form, Größe und Orientierung der Eiskristalle zum einfallenden Licht. Oftmals erzeugen die Eiskristalle einen Lichtring um die Sonne. Der häufig beobachtete 22-Grad-Ring bildet sich an willkürlich orientierten Eisteilchen. Sein rötlicher Innenrand ist relativ scharf begrenzt. Der äußere Rand ist dagegen weiß und diffus. Der 22-Grad-Ring wird auch als *kleiner Ring* bezeichnet. Trotzdem erscheint er uns schon riesig groß. Der Winkel von 22 Grad entspricht in etwa dem, den Daumen und kleiner Finger bei ausgestreckter und gespreizter Hand bilden.

Der kleine Ring kann fast immer dann gesehen werden, wenn nach einigen Tagen sonnigen Wetters ein Tiefdruckgebiet naht. Als Vorläufer des Tiefs überziehen dann die aus Eiskristallen bestehenden Cirrus-Wolken den Himmel. Diese lassen zwar die Sonne durchscheinen, wirken aber auch wie eine Art weißer Nebelschleier. Die Eiskristalle haben in der Regel die Form von hexagonalen (sechseckigen) Prismen. Wenn die Eisprismen etwa ebenso lang wie breit sind oder die Atmosphäre sehr turbulent ist, nehmen die Kristalle eine willkürliche Lage im Raum ein, und das Sonnenlicht wird in alle möglichen Richtungen gebrochen. Für den Winkel von

22 Grad um die Sonne ergibt sich eine starke Aufhellung, da sich bei diesem Winkel die Richtung des gebrochenen Lichtstrahls in einem rotierenden Prisma langsamer ändert. Man nennt diesen Winkel auch *Mindestablenkung*. Sowohl beim Eintritt als auch Austritt wird das Sonnenlicht gebrochen. Für rotes Licht ist der Brechungsindex geringer, wodurch der rötliche Innenrand des 22-Grad-Halos zustande kommt. Die Entstehung des kleinen Rings ist nicht von der Sonnenhöhe abhängig. An manchen Tagen ist er deswegen über mehrere Stunden hinweg sichtbar.

Der sehr seltene, nur etwa zwei Prozent aller Halo-Erscheinungen ausmachende 46-Grad-Ring, auch *großer Ring* oder 46-Grad-Halo genannt, ist ein Lichtkreis mit einem Radius von 46 Grad, in dessen Mittelpunkt die Sonne steht. Der brechende Winkel beträgt bei diesem Phänomen 90 Grad. Das Licht tritt in eine Fläche des Kristalls ein und an einer Basisfläche wieder aus. Analoge Überlegungen gelten für den Mond, dessen Licht ebenfalls zu Halo-Erscheinungen führen kann. Die Nebensonnen entstehen, wenn die Eiskristalle aus dünnen hexagonalen Plättchen bestehen und nur eine sehr geringe Luftbewegung in der Wolke herrscht. Die Eiskristalle sinken dann langsam zu Boden, wobei sie sich waagerecht ausrichten. Die Brechung erfolgt in diesem Fall bevorzugt in der Horizontalen, sodass die auf gleicher Höhe wie die Sonne liegenden Halo-Anteile besonders hell leuchten und als Nebensonnen erscheinen. *Nebenmonde* sind ebenfalls möglich, aber sehr viel seltener als Nebensonnen, da der Mond eine geringere Lichtstärke als die Sonne besitzt. Sie sind daher auch meist nur bei Vollmond sichtbar.

Ich würde gerne einmal das Polarlicht sehen. Leider war es mir bisher nicht vergönnt. Damit teile ich das Schicksal von Edmond Halley. Auch er hat nie Polarlichter gesehen und soll dazu Folgendes gesagt haben: „... ich würde mein Leben geben, um einmal ein Polarlicht zu sehen und glaube nun sterben zu müssen, ohne es gesehen zu haben ...". Polarlichter sind seit der Antike wohlbekannt und beschäftigten die Menschen seither. Viele Sagen und Mythen ranken sich um die geheimnisvollen Erscheinungen am Himmel. Waren es für die Inuit, die Eskimo-Völker der Arktis, Geister, die auf der Erde erscheinen, um etwas vorauszusagen, sahen die Wikinger in ihnen Spiegelungen auf den Rüstungen ihrer gefallenen Helden. In Mitteleuropa galten die Lichter dagegen als schlechtes Omen – eine Warnung für eine nahende Seuche oder ein anderes Unglück.

Heute wissen wir, wie das Phänomen entsteht, und können den faszinierenden Anblick der Polarlichter genießen. Fast das ganze Jahr über kann man die Lichterscheinungen an den Polen im ganz hohen Norden (Nordlichter) oder im tiefsten Süden der Erde (Südlichter) beobachten. In Australien erfreut man sich des Öfteren an den Südlichtern. Relativ selten sind sie dagegen bei uns in Mitteleuropa. Die Polarlichter können verschiedene Farben haben, abhängig davon, welches Gas sich in welcher Höhe befindet. Grüne und rote Polarlichter werden üblicherweise durch Sauerstoff hervorgerufen, während violette und blaue Farben von Stickstoffatomen stammen. Außerhalb der Polargebiete sind die Polarlichter im Allgemeinen rötlich. Polarlichter entstehen in Höhen über dem Erdboden zwischen etwa 90 und 500 Kilometern. Die blauvioletten leuchten bei ca. 90 bis 100 Kilometern, die roten bei ca. 120 und die grünen bei 200 bis 500 Kilometern Höhe. Polarlichter werden bei massiven Störungen des Erdmagnetfeldes, den *erdmagnetischen Stürmen*, gelegentlich bis 1200 Kilometer Höhe beobachtet. Die Polarlichter erfreuen auch unsere lieben Marsmenschen, denn man kann sie vom Weltraum aus als farbige „Vorhänge" über der Erdkugel bewundern.

Das Polarlicht ist eine kosmische Erscheinung und entstammt dem Wechselspiel zwischen Sonne und Erde. Die Beobachtung eines Polarlichtes ist relativ einfach, denn es unterscheidet sich von anderen himmlischen Phänomenen, wie den leuchtenden Nachtwolken, durch seine enorme Dynamik: Stets sich wandelnde Formen treten auf, mal ein über dem Horizont liegender weißlicher Bogen, mal emporschießende Strahlen, mal isolierte Flächen oder Flecken, die in unterschiedlichen Farben auftreten. In unseren Breiten sind Polarlichter meist rötlich, aber bei starken Störungen im Erdmagnetfeld können auch andere Farben auftreten, beispielsweise ein intensives Violett.

Polarlichter sind die Folge eines verstärkten *Sonnenwindes*, d.h. eines außergewöhnlich starken, von der Sonne ausgehenden Stroms geladener Teilchen. Ein deutlich sichtbares Anzeichen für die Existenz des Sonnenwindes liefern übrigens die Kometen: Ihre Schweife zeigen immer von der Sonne weg, denn die in ihnen enthaltenen Gas- und Staubteilchen werden vom Sonnenwind mitgerissen. Das Erdmagnetfeld lenkt die von der Sonne kommenden geladenen Teilchen zu den Polen hin ab, wo sie die Luftmoleküle zum Leuchten anregen. Die Teilchen bewegen sich wie auf Schienen entlang der Magnetfeldlinien zu den magnetischen Polen. Dort verläuft nämlich das Magnetfeld senkrecht zur Erdoberfläche, und die Teilchen können in die Atmosphäre eintreten. Sie besitzen eine Geschwindigkeit von mehreren hundert Kilometern pro Sekunde, bei sehr starken Sonneneruptionen bis zu 1000 Kilometern pro Stunde. Mit einem Polarlicht ist daher etwa ein bis vier Tage nach einer auffälligen Sonneneruption zu rechnen. Diese Zeit benötigen die Partikel, um die „nur" 150 Millionen Kilometer entfernte Erde zu erreichen, geo-magnetische Störungen auszulösen und in der höheren Atmosphäre die Leuchtprozesse anzuregen.

Der stärkste jemals registrierte Sonnensturm traf die Erde am 28. August 1859. Menschen in Rom und Havanna bewunderten die Polarlichter, in den Telegrafenämtern Europas und Nordamerikas schlugen Funken aus den Leitungen, manche Station fing sogar Feuer. Damals gab es noch kein Internet, kein großes Elektrizitätsnetz, keine Satelliten. Heute wäre solch ein Sturm in unserer in jeder Hinsicht vernetzten Welt vermutlich der Super-GAU. Eine direkte Gefahr für die Menschen auf der Erde besteht selbst bei sehr starken Sonneneruptionen zwar nicht. Die Kombination aus Erdmagnetfeld und Ionosphäre, die sich als viertes Stockwerk der Atmosphäre oberhalb der Mesosphäre befindet, bietet genügend Schutz vor den Sonnenteilchen. Allerdings können empfindliche Kraftwerke, lange Überlandleitungen, der Funkverkehr, Satelliten und Handy-Netze betroffen sein. Sie können sich leicht ausmalen, was dies bedeuten würde. Es kann zu Stromausfällen kommen. Der Flugverkehr könnte betroffen ein. Und was fangen wir heutzutage ohne unsere „unverzichtbaren" Mobiltelefone an? Keine SMS, keine MMS. Viele junge Menschen könnten sich das gar nicht mehr vorstellen.

Gerade in unseren mittleren Breiten sind Polarlichter meist nur zufällig beobachtet worden. Man weiß also nur ungefähr, wie die Häufigkeitsverteilung aussieht. Mit abnehmender geographischer Breite sinkt die Wahrscheinlichkeit, ein Polarlicht sehen zu können. Außerdem spielt die Sonnenaktivität eine entscheidende Rolle, die mit einer Periode von elf Jahren schwankt. Während der maximalen solaren Aktivität, wie etwa im Jahr 1957, werden sehr viele Polarlichter beobachtet. Aber auch bei eigentlich geringer Sonnenaktivität kann es zu Eruptionen auf der Sonne kommen, als deren Folge Störungen des Erdmagnetfeldes größeren Ausmaßes auftreten und auch in mittleren Breiten Polarlichter sichtbar werden können. Die Faustregel lautet, dass während der maximalen solaren Aktivitätsphase jährlich etwa vier bis acht Polarlichter in Deutschland zu sehen sind, um das Minimum herum nur sehr vereinzelt. Im Jahr 2003 waren die Lichterscheinungen sogar in Norditalien sichtbar.

Polarlichter treten übrigens auch auf anderen Planeten, wie dem Jupiter, auf. Dort haben sie allerdings nichts mit dem Sonnenwind zu tun. Der Jupitermond Io schickt Plasmawellen, Wellen geladener Teilchen, in die Jupiteratmosphäre und lässt diese leuchten. Gut 420 000 Kilometer ist der Mond von seinem Planeten entfernt. Das ist zwar etwas mehr als die Entfernung zwischen unserem Mond und der Erde, doch in Jupiterdimensionen gerechnet ist Io seinem Gebieter damit sehr nah – und das hat sichtbare Folgen. Jupiter besitzt ein starkes Magnetfeld, durch das sich Io beständig bewegt, und das starke Ströme in der Atmosphäre des Mondes induziert. Sie reißen große Mengen an Materie aus Ios oberer Atmosphäre. Auf diese Weise verliert der Mond jede Sekunde mehrere Tonnen Masse, die in einen Plasmaring um den Jupiter wabern. Bei seiner Reise durch die Plasmasuppe stört Io seinerseits die Jupiter-Magnetosphäre: Starke Plasmawellen elektrisch geladener Teilchen strömen in die Jupiteratmosphäre – und bringen sie zum Leuchten. „Io footprint", Io Fußabdruck heißt das Phänomen unter Planetenforschern. Warum solche Effekte nicht auch durch unseren Mond entstehen, dafür gibt es eine einfache Erklärung: Zwar ist er nicht so weit von der Erde entfernt wie Io von Jupiter – doch reicht das Magnetfeld der Erde längst nicht so weit ins All. Auch auf dem Saturn beobachtet man Polarlichterscheinungen. Diese besitzen wiederum eine ganz andere Ursache.

Nachwort

Es gäbe noch so viel aus dem Werk zu erzählen, das uns die Marsmenschen freundlicherweise zur Verfügung gestellt haben. Im Moment soll es uns jedoch erst einmal reichen. Wir haben dank der Marsmenschen wichtige Einblicke in die Funktionsweise unseres Klimas und Wetters erhalten. Marslene vom Anderen Stern, Mars-Peter Erdmann, Fels Marsstein und Mars Altland von der Mars-Universität und auch Venus Karbon vom anderen erdähnlichen Planeten, der Venus, haben uns eine spannende Geschichte darüber erzählt, wie unsere Wettermaschinerie abläuft. Sie beneiden uns um unsere Erde, die funktional und wunderschön zugleich ist. Sie versuchen, so viel wie möglich über Planetenatmosphären zu erfahren, mit dem einen großen Ziel: ihre eigenen Planeten in ferner Zukunft lebensfreundlicher zu gestalten. Allerdings haben sie dabei festgestellt, dass ihre Vision nicht leicht zu realisieren sein wird. Kleine „Fehler“ können dazu führen, dass sich ein Klima komplett anders entwickelt, als man ursprünglich dachte.

Und genau deswegen beobachten Sie uns und unser Treiben auf der Erde mit großer Sorge. Sie können nicht mit Gewissheit sagen, wie genau sich das Erdklima infolge unserer Aktivitäten ändern wird. Eines ist jedoch für die Marsmenschen sicher: Es wird zunehmend wärmer, und die sich daraus ergebenden Folgen sind bereits aus dem All sichtbar, sei es in Form des zurückweichenden Eises oder des steigenden Meeresspiegels. So lassen Grönlands „Tränen“ bereits heute den Meeresspiegel steigen. Und es wären etwa sieben Meter weltweit, wenn der grönländische Eispanzer komplett verloren ginge.

Die Arbeiten der Marsmenschen haben uns unmissverständlich klar gemacht, dass wir dem Juwel unter allen Planeten in unserem Sonnensystem, der Erde, wehtun. Die Marsmenschen haben buchstäblich den nötigen Abstand, um die von uns selbst verursachten Probleme auf der Erde zu erkennen. Sie haben uns deutlich vor Augen geführt, dass das Klima eines Planeten unter leicht geänderten Bedingungen ein völlig neues Gesicht bekommen kann. Die Marsmenschen wissen dies aus eigener leidvoller Erfahrung, denn ihr Planet wurde im Laufe der Geschichte unseres Sonnensystems zum Dauerkühlschrank, während die Erde ein angenehmes Klima behaupten konnte. Aus diesem Grund können sie es auch nicht fassen, was wir mit unserer Erde anstellen. Zum Glück sind wir inzwischen fähig, mit ihnen zu kommunizieren. Über sehr große Entfernungen hinweg gestaltet sich jedoch der wissenschaftliche Austausch zwischen uns Erden- und den Marsmenschen recht schwierig. Viele von Ihnen werden ein Lied davon singen können, wenn Sie in einer Firma oder einem Institut beschäftigt sind, das auf mehrere Gebäude verteilt ist. Selbst wenn nur ein einziges Stockwerk zwei Abteilungen voneinander trennt, kann dies bereits die Kommunikation nahezu lahmlegen.

Als ich vor über dreißig Jahren mein Studium aufnahm, gab es nur zwei Möglichkeiten, sich mit Wissenschaftlern in anderen Ländern auszutauschen: per Telefon oder indem man sich besuchte bzw. auf Konferenzen traf. Dann kamen das Faxgerät und schließlich das Internet. Inzwischen ist es zwar sehr einfach geworden, Ergebnisse auszutauschen, trotzdem geht nichts über das persönliche Gespräch. Deswegen möchten wir auch den direkten Kontakt zu unseren lieben Kolleginnen und Kollegen vom Mars pflegen. Zum Glück ist uns die NASA dabei behilflich, die erste bemannte Marsmission vorzubereiten. Es wird zwar noch einige Jahre dauern.

Aber irgendwann, ob nun in zwanzig oder vierzig Jahren, wird es so weit sein.

Ein Treffen von Exzellenzcluster zu Exzellenzcluster und von Angesicht zu Angesicht. Marslene vom Anderen Stern und auch ich werden diese „Sternstunde“ der Wissenschaft wohl nicht mehr erleben. Obwohl wir es uns von ganzem Herzen wünsche. Ich stelle mir vor, wie die Besatzung, zu der auch ich gehöre, zu den Klängen der Mars-Eillaise, der Nationalhymne der Marsmenschen, aus dem kleinen Raumschiff aussteigt und zum ersten Mal die Kolleginnen und Kollegen vom Mars mit Handschlag oder vielleicht auch einer warmherzigen Umarmung begrüßt. Einige unserer Doktoranden oder deren Zöglinge werden auf jeden Fall bei diesem denkwürdigen Ereignis dabei sein.

Was werden die Wissenschaftler von Mars, Venus und Erde gemeinsam herausfinden? Darüber kann ich nur spekulieren. Ich hoffe, sie werden Wege finden, wie wir auf der Erde die Klimakrise meistern können. Und natürlich, wie wir den Mars- und Venusmenschen ein angenehmeres Klima bescheren können. Und schön sollen unsere beiden Nachbarplaneten zudem sein, mit tollen Lichtphänomenen wie bei uns auf der Erde. Zunächst wird man die Experimente auf dem Mars und der Venus jedoch sicherheitshalber im Computer durchführen. Großversuche, wie wir sie auf der Erde gerade anstellen, wird es dort nicht geben. Dafür werden Marslene vom Anderen Stern und die anderen schon sorgen. So wie wir uns inzwischen davon überzeugt haben, unsere Versuche zu beenden. Gerade läuft die große Klimakonferenz von Kopenhagen mit Beteiligung von über 190 Nationen. Ich schreibe diese letzten Zeilen in der Hoffnung, dass wir Menschen nunmehr imstande sind, unser neues Wissen im Sinne der Marsmenschen und in unserem eigenen Interesse umzusetzen. Wir haben es in der Hand, den Planeten Erde in seiner Einmaligkeit zu erhalten. Unsere Kinder und Enkel und deren Nachkommen werden es uns danken.